军队军士职业技术教育适用

工程数学基础理论与实验

GONGCHENG SHUXUE JICHU LILUN YU SHIYAN

主　编　王　品　周丽佳　张占美

副主编　朱吉军　彭朝勇　毕　嘉

河海大学出版社

HOHAI UNIVERSITY PRESS

·南京·

图书在版编目(CIP)数据

工程数学基础理论与实验 / 王品，周丽佳，张占美主编. -- 南京 : 河海大学出版社，2022.5

ISBN 978-7-5630-7480-8

Ⅰ. ①工… Ⅱ. ①王… ②周… ③张… Ⅲ. ①工程数学 Ⅳ. ①TB11

中国版本图书馆 CIP 数据核字(2022)第 038135 号

书　　名	**工程数学基础理论与实验**
书　　号	ISBN 978-7-5630-7480-8
责任编辑	成　微
特约校对	徐梅芝
封面设计	徐娟娟
出版发行	河海大学出版社
地　　址	南京市西康路 1 号(邮编:210098)
电　　话	(025)83737852(总编室)
	(025)83722833(营销部)
经　　销	江苏省新华发行集团有限公司
排　　版	南京布克文化发展有限公司
印　　刷	广东虎彩云印刷有限公司
开　　本	718 毫米×1000 毫米　1/16
印　　张	8.25
字　　数	193 千字
版　　次	2022 年 5 月第 1 版
印　　次	2022 年 5 月第 1 次印刷
定　　价	56.00 元

前　言

本书是专为军队院校军士职业技术教育学员编写的“工程数学基础”课程教材，以总学时30学时(理论18学时，实践12学时)为依据进行编写，主要内容包括线性代数、概率论和数学实验三个部分，遵循“服务专业、提升能力、培养素养”的理念构建内容体系．具有如下特点：

1．注重基础性，适应军士学员特点．以满足专业课程学习的“必需、够用”为原则，充分考虑军士生源数学基础实际，以基本概念、基本理论、基本运算、基本应用为主进行编写．

2．注重应用性，体现军事特色．贯彻“为战教战”的理念，充分挖掘贴近部队、贴近装备、贴近作战的数学知识案例，提高数学知识应用于军事的针对性．

3．注重实践性，满足能力培养要求．数学实验内容介绍如何使用MATLAB、EXCEL软件实现工程数学中的一些基本运算，引导学员学会利用计算机解决复杂数学计算问题，拓展思维，培养动手能力和信息素养能力；每节后附有相应的练习与作业，以增强学员学习的实践性．

4．注重思想性，落实立德树人要求．按照军队院校教育“十四五”规划要求，教材编写确立“学科德育”的理念，收集整理与数学课程相关联的思政材料，通过精巧设置“课前导读”“课后品读”等内容，力求“课程思政”进教材，实现“全程、全员、全方位”育人的要求．

本书注意博采众长，在编写过程中参考了多本同类书籍，吸取了不少精华，在此向这些书籍的作者表示感谢．

由于编者水平有限，书中难免有不足之处，恳请广大读者提出宝贵意见．

编　者

2022年5月

目　录

第 1 章 线性代数简介

课前导读：中国是最早研究线性方程组及其解法的国家

大自然充满了未知，是人类的智慧架起了一座座从已知通向未知的桥梁，构筑了灿烂的科学文化. 线性方程组及其求解，无疑就是这些桥梁中最美丽的几座之一. 代数学发展的一个主要方向就是方程理论. 大约在 3600 年前，自埃及祭司阿莫斯用象形文字在纸草书上写下史上第一个一元一次方程后，方程理论研究逐渐向两个方向延伸，一是增高未知数的次数，衍生出一元高次方程理论；二是增加未知项的个数，创造了线性方程组理论. 值得骄傲的是，在世界数学发展史上，关于线性方程组及其解法的研究，要属中国最早. 早在公元前 1 世纪，我国古算书就给出了“方程”的概念，创造了“方程”的解法——“方程”术，它比印度要早 700 年，比欧洲要早 1600 年，这不仅是中国古代数学中的杰出成就，也是世界数学史上极其伟大和宝贵的财产，是我们坚定文化自信的底气.

我国古算书中的“方程”和现在一般数学书中的“方程”不是同一个概念. 在现代数学中，方程或方程式是西方数学概念“Equation”之译名(清代数学家李善兰首译)，它是指含有未知量的等式. 而我国古代数学中所说的“方程”，则相当于现代的联立一次方程组，即线性方程组.

1984 年，在湖北江陵张家山出土了一批竹简，因其中一支竹简背面刻有“算数书”三字而得名《算数书》，这是至今发现的我国古代最早的一部数学著作，比《九章算术》还要早近两百年.《算数书》记载，“方程”是由“程禾”算法演变而来. 所谓“程禾”，就是考核粮食作物的产量.

在《九章算术》的“方程”章中，前六题皆是测算粮食产量的问题，如第一题：

今有上禾(上等禾苗)三秉(捆)，中禾二秉，下禾一秉，实(粮食)三十九斗；上禾二秉，中禾三秉，下禾一秉，实三十四斗；上禾一秉，中禾二秉，下禾三秉，实二十六斗. 问上、中、下禾实一秉几何?

《九章算术》给出了这个题的解法，即“方程”术，我们将在本章“课后品读”中予以详细介绍.

本章内容为线性代数，它是数学的一个分支，是现代数学中的一门重要课程，内容十分丰富，目前广泛应用于科学技术的各个领域. 基于军士职业技术教育需求，我们仅简要介绍线性代数中行列式、矩阵、线性方程组等内容的基本理论与基本运算.

1.1 行列式

行列式是线性代数中最基本的工具之一. 本节只简要介绍行列式的概念、性质与计算.

1.1.1 行列式的概念

对于二元一次方程组

$$\begin{cases} a_{11}x_1 + a_{12}x_2 = b_1 \\ a_{21}x_1 + a_{22}x_2 = b_2 \end{cases}, \tag{1-1}$$

通常采用消元法求解. 在方程组(1-1)中消去 x_2 得

$$(a_{11}a_{22} - a_{12}a_{21})x_1 = b_1a_{22} - a_{12}b_2.$$

同样,在方程组(1-1)中消去 x_1 得

$$(a_{11}a_{22} - a_{12}a_{21})x_2 = a_{11}b_2 - b_1a_{21}.$$

若引用记号

$$D = \begin{vmatrix} a_{11} & a_{12} \\ a_{21} & a_{22} \end{vmatrix} = a_{11}a_{22} - a_{12}a_{21},$$

$$D_1 = \begin{vmatrix} b_1 & a_{12} \\ b_2 & a_{22} \end{vmatrix} = b_1a_{22} - a_{12}b_2,$$

$$D_2 = \begin{vmatrix} a_{11} & b_1 \\ a_{21} & b_2 \end{vmatrix} = a_{11}b_2 - b_1a_{21},$$

则当 $D \neq 0$ 时,方程组(1-1)的解为

$$x_1 = \frac{D_1}{D} = \frac{b_1a_{22} - a_{12}b_2}{a_{11}a_{22} - a_{12}a_{21}}; \qquad x_2 = \frac{D_2}{D} = \frac{a_{11}b_2 - b_1a_{21}}{a_{11}a_{22} - a_{12}a_{21}}.$$

为了研究方便,我们把记号

$$\begin{vmatrix} a_{11} & a_{12} \\ a_{21} & a_{22} \end{vmatrix}$$

称为**二阶行列式**,而把 $a_{11}a_{22} - a_{12}a_{21}$ 称为二阶行列式的展开式. 二阶行列式中的数 $a_{ij}(i = 1,2; j = 1,2)$ 称为行列式的元素,每个横排称为行列式的行,每个竖排称为行列式的列,a_{ij} 的第一个下标 i 称为行标,表示它位于第 i 行,第二个下标 j 称为列标,表示它位于第 j 列.

二阶行列式的展开式可按如下方式理解记忆:

$$\begin{vmatrix} a_{11} & a_{12} \\ a_{21} & a_{22} \end{vmatrix} = a_{11}a_{22} - a_{12}a_{21},$$

即二阶行列式的展开式等于实线上两个数的乘积减去虚线上两个数的乘积.

例如，$\begin{vmatrix} 1 & 2 \\ 4 & 3 \end{vmatrix} = 1\times 3 - 2\times 4 = -5$.

对于三元一次方程组

$$\begin{cases} a_{11}x_1 + a_{12}x_2 + a_{13}x_3 = b_1 \\ a_{21}x_1 + a_{22}x_2 + a_{23}x_3 = b_2 \\ a_{31}x_1 + a_{32}x_2 + a_{33}x_3 = b_3 \end{cases},$$

同样可以采用消元法求解. 类似地，我们引入三阶行列式的概念，即称

$$\begin{vmatrix} a_{11} & a_{12} & a_{13} \\ a_{21} & a_{22} & a_{23} \\ a_{31} & a_{32} & a_{33} \end{vmatrix}$$

为**三阶行列式**. 三阶行列式的展开式为

$$\begin{vmatrix} a_{11} & a_{12} & a_{13} \\ a_{21} & a_{22} & a_{23} \\ a_{31} & a_{32} & a_{33} \end{vmatrix} = a_{11}a_{22}a_{33} + a_{12}a_{23}a_{31} + a_{13}a_{21}a_{32} - a_{11}a_{23}a_{32} - a_{12}a_{21}a_{33} - a_{13}a_{22}a_{31}$$

三阶行列式的展开式较为复杂，实际上，它是三阶行列式中来自不同行不同列三个元素乘积的代数和. 我们可采取如下两种方式来进行计算：

(1)对角线法则

如图 1-1 所示，即三阶行列式的展开式等于实线上三个数的乘积之和减去虚线上三个数的乘积之和.

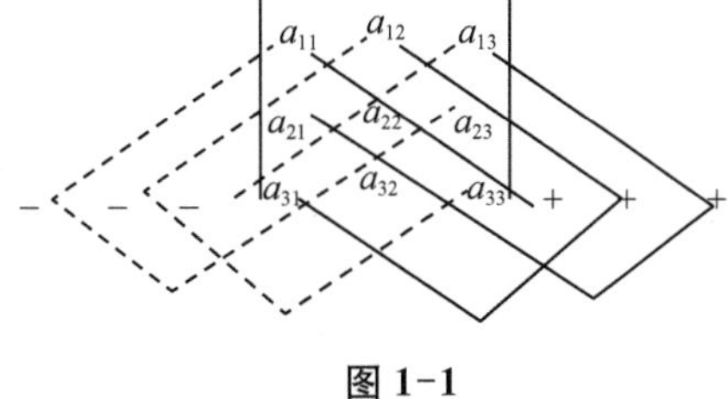

图 1-1

(2)转化为二阶行列式

$$\begin{vmatrix} a_{11} & a_{12} & a_{13} \\ a_{21} & a_{22} & a_{23} \\ a_{31} & a_{32} & a_{33} \end{vmatrix} = (-1)^{1+1}a_{11}\begin{vmatrix} a_{22} & a_{23} \\ a_{32} & a_{33} \end{vmatrix} + (-1)^{1+2}a_{12}\begin{vmatrix} a_{21} & a_{23} \\ a_{31} & a_{33} \end{vmatrix} + (-1)^{1+3}a_{13}\begin{vmatrix} a_{21} & a_{22} \\ a_{31} & a_{32} \end{vmatrix}.$$

这种方法称为行列式按行(列)展开法则.

这里是按第一行展开的，即行列式等于第一行元素与其代数余子式的乘积之和. 其

中 $\begin{vmatrix} a_{22} & a_{23} \\ a_{32} & a_{33} \end{vmatrix}$ 是由三阶行列式中划去元素 a_{11} 所在行和列所有元素后剩下的元素按照原来的位置构成的二阶行列式，称为元素 a_{11} 的**余子式**. $(-1)^{1+1}\begin{vmatrix} a_{22} & a_{23} \\ a_{32} & a_{33} \end{vmatrix}$ 称为元素 a_{11} 的**代数余子式**，$(-1)^{1+1}$ 中的 $1+1$ 表示元素 a_{11} 的两个下标的和，其余类推，也可以按其他行(列)展开.

例如，按第三列展开得

$$\begin{vmatrix} a_{11} & a_{12} & a_{13} \\ a_{21} & a_{22} & a_{23} \\ a_{31} & a_{32} & a_{33} \end{vmatrix} = (-1)^{1+3}a_{13}\begin{vmatrix} a_{21} & a_{22} \\ a_{31} & a_{32} \end{vmatrix} + (-1)^{2+3}a_{23}\begin{vmatrix} a_{11} & a_{12} \\ a_{31} & a_{32} \end{vmatrix} + (-1)^{3+3}a_{33}\begin{vmatrix} a_{11} & a_{12} \\ a_{21} & a_{22} \end{vmatrix}.$$

例 1.1.1 计算行列式 $\begin{vmatrix} 2 & 1 & 2 \\ -4 & 3 & 1 \\ 2 & 3 & 5 \end{vmatrix}$.

解 (一) 按照对角线法则计算得

$$\begin{vmatrix} 2 & 1 & 2 \\ -4 & 3 & 1 \\ 2 & 3 & 5 \end{vmatrix} = 2\times3\times5+1\times1\times2+2\times(-4)\times3-2\times1\times3-1\times(-4)\times5-2\times3\times2$$
$$=30+2-24-6+20-12=10.$$

(二) 转化为二阶行列式计算得(这里按第一行展开)

$$\begin{vmatrix} 2 & 1 & 2 \\ -4 & 3 & 1 \\ 2 & 3 & 5 \end{vmatrix} = 2\times(-1)^{1+1}\times\begin{vmatrix} 3 & 1 \\ 3 & 5 \end{vmatrix} + 1\times(-1)^{1+2}\times\begin{vmatrix} -4 & 1 \\ 2 & 5 \end{vmatrix} + 2\times(-1)^{1+3}\times\begin{vmatrix} -4 & 3 \\ 2 & 3 \end{vmatrix}$$
$$=2\times(15-3)-1\times(-20-2)+2\times(-12-6)$$
$$=24+22-36=10.$$

例 1.1.2 解方程组 $\begin{cases} 2x_1 + x_2 = -1 \\ 3x_1 + 2x_2 = 2 \end{cases}$.

解 利用二阶行列式，有

$$D = \begin{vmatrix} 2 & 1 \\ 3 & 2 \end{vmatrix} = 1,\ D_1 = \begin{vmatrix} -1 & 1 \\ 2 & 2 \end{vmatrix} = -4, D_2 = \begin{vmatrix} 2 & -1 \\ 3 & 2 \end{vmatrix} = 7.$$

所以方程组的解为

$$x_1 = \frac{D_1}{D} = \frac{-4}{1} = -4; \qquad x_2 = \frac{D_2}{D} = \frac{7}{1} = 7.$$

把二阶和三阶行列式的概念推广，我们就可以得到 n 阶行列式的概念：称

$$D = \begin{vmatrix} a_{11} & a_{21} & \cdots & a_{n1} \\ a_{12} & a_{22} & \cdots & a_{n2} \\ \vdots & \vdots & & \vdots \\ a_{1n} & a_{2n} & \cdots & a_{nn} \end{vmatrix}$$

为 n **阶行列式**,其中数 $a_{ij}(i=1,2,\cdots,n;j=1,2,\cdots,n)$ 称为行列式第 i 行第 j 列的元素,从 a_{11} 经 a_{22} ,a_{33} ,……直到 a_{nn} 称为行列式的主对角线,相应元素称为主对角线元素. n 阶行列式可用 D_n 表示,也可以表示为 $\det(a_{ij})$. 当 $n=1$ 时,称为一阶行列式,规定一阶行列式 $|a_{11}|$ 就是数 a_{11} ,即 $|a_{11}|=a_{11}$,注意不要将行列式符号与绝对值符号相混淆.

n 阶行列式的展开式较为复杂,在此不做过多介绍. 但可以明确的是:n 阶行列式的展开式如同三阶行列式,也是来自不同行不同列的 n 个元素乘积的代数和.

下面介绍两个特殊的 n 阶行列式:

(1) 主对角行列式

主对角线外所有元素都是 0 的行列式,称为主对角行列式,主对角行列式的展开式就是主对角线上 n 个元素的乘积,即

$$\begin{vmatrix} a_{11} & 0 & \cdots & 0 \\ 0 & a_{22} & \cdots & 0 \\ \vdots & \vdots & & \vdots \\ 0 & 0 & \cdots & a_{nn} \end{vmatrix} = a_{11}a_{22}\cdots a_{nn} .$$

(2) 三角行列式

主对角线以上(下)的元素都为 0 的行列式,称为下(上)三角行列式,三角行列式的展开式就是主对角线上 n 个元素的乘积,即

$$\begin{vmatrix} a_{11} & 0 & \cdots & 0 \\ a_{21} & a_{22} & \cdots & 0 \\ \vdots & \vdots & & \vdots \\ a_{n1} & a_{n2} & \cdots & a_{nn} \end{vmatrix} = a_{11}a_{22}\cdots a_{nn} , \quad \begin{vmatrix} a_{11} & a_{12} & \cdots & a_{1n} \\ 0 & a_{22} & \cdots & a_{2n} \\ \vdots & \vdots & & \vdots \\ 0 & 0 & \cdots & a_{nn} \end{vmatrix} = a_{11}a_{22}\cdots a_{nn} .$$

1.1.2 行列式的性质

下面不加证明地给出行列式的如下性质,这些性质在行列式的计算中将发挥作用.

性质 1 行列式与它的转置行列式相等.

所谓转置行列式是指,将行列式 D_n 的行、列互换得到的新行列式,记为 D_n^{T} ,即

$$若\ D_n = \begin{vmatrix} a_{11} & a_{12} & \cdots & a_{1n} \\ a_{21} & a_{22} & \cdots & a_{2n} \\ \vdots & \vdots & & \vdots \\ a_{n1} & a_{n2} & \cdots & a_{nn} \end{vmatrix},则\ D_n^{\mathrm{T}} = \begin{vmatrix} a_{11} & a_{21} & \cdots & a_{n1} \\ a_{12} & a_{22} & \cdots & a_{n2} \\ \vdots & \vdots & & \vdots \\ a_{1n} & a_{2n} & \cdots & a_{nn} \end{vmatrix}.$$

性质 2 交换行列式的任意两行(列),行列式改变符号.

一般地,交换行列式的第 i,j 两行记为 $r_i \leftrightarrow r_j$,交换第 i,j 两列记为 $c_i \leftrightarrow c_j$.

例如

$$\begin{vmatrix} 1 & 2 & 3 \\ 4 & 5 & 6 \\ 7 & 8 & 9 \end{vmatrix} \xlongequal{r_1 \leftrightarrow r_3} -\begin{vmatrix} 7 & 8 & 9 \\ 4 & 5 & 6 \\ 1 & 2 & 3 \end{vmatrix} \xlongequal{c_2 \leftrightarrow c_3} \begin{vmatrix} 7 & 9 & 8 \\ 4 & 6 & 5 \\ 1 & 3 & 2 \end{vmatrix}.$$

推论 如果行列式有两行(列)的对应元素相等,则这个行列式等于0.

这是因为交换了相同的两行(列)后,行列式还是原来的行列式,此时

$$D=-D \Rightarrow D=0.$$

性质3 将行列式某一行(列)所有元素都乘以相同数 k,其结果就等于用 k 乘这个行列式. 换句话说,可以将行列式某一行(列)中所有元素的公因数 k 提到行列式符号前面,即

$$\begin{vmatrix} a_{11} & a_{12} & \cdots & a_{1n} \\ \vdots & \vdots & & \vdots \\ ka_{i1} & ka_{i2} & \cdots & ka_{in} \\ \vdots & \vdots & & \vdots \\ a_{n1} & a_{n2} & \cdots & a_{nn} \end{vmatrix} = k \begin{vmatrix} a_{11} & a_{12} & \cdots & a_{1n} \\ \vdots & \vdots & & \vdots \\ a_{i1} & a_{i2} & \cdots & a_{in} \\ \vdots & \vdots & & \vdots \\ a_{n1} & a_{n2} & \cdots & a_{nn} \end{vmatrix}.$$

推论1 如果行列式中有一行(列)的所有元素都是0,则这个行列式等于0.

推论2 如果行列式中有两行(列)的元素对应成比例,则这个行列式等于0.

性质4 如果行列式的某一行(列)所有元素都可以写成两个数的和,那么这个行列式等于两个行列式的和. 即

$$\begin{vmatrix} a_{11} & a_{12} & \cdots & a_{1i}+a_{1i}' & \cdots & a_{1n} \\ a_{21} & a_{22} & \cdots & a_{2i}+a_{2i}' & \cdots & a_{2n} \\ \vdots & \vdots & & \vdots & & \vdots \\ a_{1n} & a_{2n} & \cdots & a_{ni}+a_{ni}' & \cdots & a_{nn} \end{vmatrix} = \begin{vmatrix} a_{11} & a_{12} & \cdots & a_{1i} & \cdots & a_{1n} \\ a_{21} & a_{22} & \cdots & a_{2i} & \cdots & a_{2n} \\ \vdots & \vdots & & \vdots & & \vdots \\ a_{n1} & a_{n2} & \cdots & a_{ni} & \cdots & a_{nn} \end{vmatrix}.$$

$$+\begin{vmatrix} a_{11} & a_{12} & \cdots & a_{1i}' & \cdots & a_{1n} \\ a_{21} & a_{22} & \cdots & a_{2i}' & \cdots & a_{2n} \\ \vdots & \vdots & & \vdots & & \vdots \\ a_{n1} & a_{n2} & \cdots & a_{ni}' & \cdots & a_{nn} \end{vmatrix}.$$

性质5 将行列式的某一行(列)所有元素都乘以相同数 k,再加到另一行(列)的对应元素上去,行列式的值不变. 即

$$\begin{vmatrix} a_{11} & \cdots & a_{1i} & \cdots & a_{1j} & \cdots & a_{1n} \\ a_{21} & \cdots & a_{2i} & \cdots & a_{2j} & \cdots & a_{2n} \\ \vdots & & \vdots & & \vdots & & \vdots \\ a_{n1} & \cdots & a_{ni} & \cdots & a_{2j} & \cdots & a_{nn} \end{vmatrix} \xlongequal{c_j+kc_i} \begin{vmatrix} a_{11} & \cdots & a_{1i} & \cdots & (a_{1j}+ka_{1i}) & \cdots & a_{1n} \\ a_{21} & \cdots & a_{2i} & \cdots & (a_{2j}+ka_{2i}) & \cdots & a_{2n} \\ \vdots & & \vdots & & \vdots & & \vdots \\ a_{n1} & \cdots & a_{ni} & \cdots & (a_{nj}+ka_{ni}) & \cdots & a_{nn} \end{vmatrix}.$$

一般地,将第 i 行所有元素都乘以相同数 k 再加到第 j 行上,记为 r_j+kr_i,将第 i 列所有元素都乘以相同数 k 再加到第 j 列上,记为 c_j+kc_i.

性质6 行列式等于任意一行(列)所有元素与其对应的代数余子式的乘积之和.

这一条性质是前面三阶行列式按行(列)展开法则的推广.

1.1.3 行列式的计算

利用行列式的上述性质,可以进行阶数较高的行列式的计算,下面通过几个简单的

例子予以说明.

例 1.1.3 计算行列式 $D=\begin{vmatrix}3&1&-1&2\\-5&1&3&-4\\2&0&1&-1\\1&-5&3&-3\end{vmatrix}$.

解 (一)利用行列式性质把行列式化为三角行列式来计算

$$D\xlongequal{c_1\leftrightarrow c_2}-\begin{vmatrix}1&3&-1&2\\1&-5&3&-4\\0&2&1&-1\\-5&1&3&-3\end{vmatrix}\xlongequal[r_4+5r_1]{r_2-r_1}-\begin{vmatrix}1&3&-1&2\\0&-8&4&-6\\0&2&1&-1\\0&16&-2&7\end{vmatrix}$$

$$\xlongequal{r_2\leftrightarrow r_3}\begin{vmatrix}1&3&-1&2\\0&2&1&-1\\0&-8&4&-6\\0&16&-2&7\end{vmatrix}\xlongequal[r_4-8r_2]{r_3+4r_2}\begin{vmatrix}1&3&-1&2\\0&2&1&-1\\0&0&8&-10\\0&0&-10&15\end{vmatrix}$$

$$\xlongequal{r_4+\frac{5}{4}r_3}\begin{vmatrix}1&3&-1&2\\0&2&1&-1\\0&0&8&-10\\0&0&0&\frac{5}{2}\end{vmatrix}=40.$$

(二)利用性质 6 按第三行展开化为三阶行列式来计算

$$D=2\times(-1)^{3+1}\begin{vmatrix}1&-1&2\\1&3&-4\\-5&3&-3\end{vmatrix}+(-1)^{3+3}\begin{vmatrix}3&1&2\\-5&1&-4\\1&-5&-3\end{vmatrix}-(-1)^{3+4}\begin{vmatrix}3&1&-1\\-5&1&3\\1&-5&3\end{vmatrix}$$

$$=2\times\left[(-1)^{1+1}\begin{vmatrix}3&-4\\3&-3\end{vmatrix}-(-1)^{1+2}\begin{vmatrix}1&-4\\-5&-3\end{vmatrix}+2\times(-1)^{1+3}\begin{vmatrix}1&3\\-5&3\end{vmatrix}\right]$$

$$+\left[3\times(-1)^{1+1}\begin{vmatrix}1&-4\\-5&-3\end{vmatrix}+(-1)^{1+2}\begin{vmatrix}-5&-4\\1&-3\end{vmatrix}+2\times(-1)^{1+3}\begin{vmatrix}-5&1\\1&-5\end{vmatrix}\right]$$

$$+\left[3\times(-1)^{1+1}\begin{vmatrix}1&3\\-5&3\end{vmatrix}+(-1)^{1+2}\begin{vmatrix}-5&3\\1&3\end{vmatrix}-(-1)^{1+3}\begin{vmatrix}-5&1\\1&-5\end{vmatrix}\right]$$

$$=2(3-23+36)+(-69-19+48)+(54+18-24)=40.$$

(三)先把第三行化为只有一个元素不是 0 而其余元素全是 0 后再展开

$$D\xlongequal[c_4+c_3]{c_1-2c_3}\begin{vmatrix}5&1&-1&1\\-11&1&3&-1\\0&0&1&0\\-5&-5&3&0\end{vmatrix}=(-1)^{3+3}\begin{vmatrix}5&1&1\\-11&1&-1\\-5&-5&0\end{vmatrix}$$

$$\xlongequal{r_2+r_1}\begin{vmatrix}5&1&1\\-6&2&0\\-5&-5&0\end{vmatrix}=(-1)^{1+3}\begin{vmatrix}-6&2\\-5&-5\end{vmatrix}=40.$$

显然,解(三)的计算更简便.

解(三)又称为造零降阶法,就是利用行列式的性质,设法把行列式某一行(列)的大部分元素化为 0,然后再按该行(列)展开,从而化为一个低一阶的行列式进行计算. 造零降阶法是计算行列式的主要方法,读者可通过多做题体会. 下面再举两例:

例 1.1.4 计算行列式 $D=\begin{vmatrix}-2&1&2&1\\1&0&-1&2\\-1&-3&2&2\\0&1&0&-1\end{vmatrix}$.

解 因为这个行列式的最后一行已经有两个 0,想办法再多变出一个 0 来,就可以将其化为三阶行列式展开计算了.

$$D=\begin{vmatrix}-2&1&2&1\\1&0&-1&2\\-1&-3&2&2\\0&1&0&-1\end{vmatrix}\xlongequal{c_4+c_2}\begin{vmatrix}-2&1&2&2\\1&0&-1&2\\-1&-3&2&-1\\0&1&0&0\end{vmatrix}$$

$$\xlongequal{\text{按第 4 行展开}}(-1)^{4+2}\times\begin{vmatrix}-2&2&2\\1&-1&2\\-1&2&-1\end{vmatrix}\xlongequal{c_2+c_1}\begin{vmatrix}-2&0&2\\1&0&2\\-1&1&-1\end{vmatrix}$$

$$\xlongequal{\text{按第 2 列展开}}(-1)^{3+2}\times\begin{vmatrix}-2&2\\1&2\end{vmatrix}=6.$$

例 1.1.5 计算行列式 $D=\begin{vmatrix}a&b&b&b\\b&a&b&b\\b&b&a&b\\b&b&b&a\end{vmatrix}$.

解 这个行列式的特点是所有列的元素之和都是 $a+3b$,这类极限可以这样简便计算:

$$D=\begin{vmatrix}a&b&b&b\\b&a&b&b\\b&b&a&b\\b&b&b&a\end{vmatrix}\xlongequal{r_1+r_2+r_3+r_4}\begin{vmatrix}a+3b&a+3b&a+3b&a+3b\\b&a&b&b\\b&b&a&b\\b&b&b&a\end{vmatrix}$$

$$=(a+3b)\begin{vmatrix}1&1&1&1\\b&a&b&b\\b&b&a&b\\b&b&b&a\end{vmatrix}\xlongequal[c_4-c_1]{c_2-c_1,\ c_3-c_1}(a+3b)\begin{vmatrix}1&0&0&0\\b&a-b&0&0\\b&0&a-b&0\\b&0&0&a-b\end{vmatrix}$$

$$=(a+3b)(a-b)^3.$$

练习与作业 1-1

一、选择

1. 行列式 $\begin{vmatrix} 2 & 1 & 2 \\ -4 & 3 & 1 \\ 2 & 3 & 5 \end{vmatrix}$ 中元素 a_{12} 的代数余子式是 ( )

A. $-\begin{vmatrix} 2 & 1 \\ -4 & 3 \end{vmatrix}$； B. $\begin{vmatrix} 2 & 1 \\ -4 & 3 \end{vmatrix}$； C. $-\begin{vmatrix} -4 & 1 \\ 2 & 5 \end{vmatrix}$； D. $\begin{vmatrix} -4 & 1 \\ 2 & 5 \end{vmatrix}$.

2. 利用二阶行列式计算方程组 $\begin{cases} 4x_1 - 3x_2 = 11 \\ 2x_1 - 5x_2 = 9 \end{cases}$,其解为 ( )

A. $x_1 = \dfrac{\begin{vmatrix} 11 & -3 \\ 9 & -5 \end{vmatrix}}{\begin{vmatrix} 4 & -3 \\ 2 & -5 \end{vmatrix}}, x_2 = \dfrac{\begin{vmatrix} 4 & 11 \\ 2 & -5 \end{vmatrix}}{\begin{vmatrix} 4 & -3 \\ 2 & -5 \end{vmatrix}}$； B. $x_1 = \dfrac{\begin{vmatrix} 11 & -3 \\ 9 & -5 \end{vmatrix}}{\begin{vmatrix} 4 & -3 \\ 2 & -5 \end{vmatrix}}, x_2 = \dfrac{\begin{vmatrix} 4 & 11 \\ 2 & 9 \end{vmatrix}}{\begin{vmatrix} 4 & -3 \\ 2 & -5 \end{vmatrix}}$；

C. $x_1 = \dfrac{\begin{vmatrix} 11 & -3 \\ 9 & -5 \end{vmatrix}}{\begin{vmatrix} 4 & 11 \\ 2 & 9 \end{vmatrix}}, x_2 = \dfrac{\begin{vmatrix} 4 & 11 \\ 2 & -5 \end{vmatrix}}{\begin{vmatrix} 4 & 11 \\ 2 & 9 \end{vmatrix}}$； D. $x_1 = \dfrac{\begin{vmatrix} 4 & 11 \\ 2 & 9 \end{vmatrix}}{\begin{vmatrix} 4 & -3 \\ 2 & -5 \end{vmatrix}}, x_2 = \dfrac{\begin{vmatrix} 11 & -3 \\ 9 & -5 \end{vmatrix}}{\begin{vmatrix} 4 & -3 \\ 2 & -5 \end{vmatrix}}$.

3. 下列说法错误的是 ( )

A. 行列式与它的转置行列式相等；

B. 交换行列式的任意两行或两列,行列式变号；

C. 有两行或两列元素对应相等的行列式等于 0；

D. 用数 k 乘以某行列式等于用这个数乘以行列式的每一个元素.

4. 下列说法错误的是 ( )

A. 行列式的第一行乘 2,同时第二列除 2,行列式的值不变；

B. 交换行列式的第一行和第三行,行列式的值不变；

C. 交换行列式的任意两列,行列式仅改变符号；

D. 行列式可以按任意一行展开.

二、填空

1. 行列式 $\begin{vmatrix} 2 & 3 \\ 3 & 1 \end{vmatrix}$ 的值为________；行列式 $\begin{vmatrix} 3 & 1 \\ -1 & 1 \end{vmatrix}$ 的值为________.

2. 行列式 $\begin{vmatrix} 1 & 2 & 3 \\ 0 & 4 & 5 \\ 0 & 0 & 6 \end{vmatrix}$ 的值为________.

3. 行列式 $\begin{vmatrix} 2 & 0 & 0 & 0 \\ 0 & 4 & 2 & 0 \\ 0 & 0 & -1 & 0 \\ 0 & 0 & 0 & -1 \end{vmatrix}$ 的值为________.

4. 行列式 $\begin{vmatrix} 0 & 0 & 1 \\ 0 & 2 & 0 \\ 3 & 0 & 0 \end{vmatrix}$ 的值为________.

5. 行列式 $\begin{vmatrix} 0 & 0 & 0 & 1 \\ 0 & 0 & 2 & 0 \\ 0 & 3 & 0 & 0 \\ 4 & 0 & 0 & 0 \end{vmatrix}$ 的值为________.

6. 若 $\begin{vmatrix} 3 & 2 \\ 4 & 5 \end{vmatrix} = \begin{vmatrix} k & 5 \\ 7 & 6 \end{vmatrix}$，则 $k=$________.

7. 行列式 $\begin{vmatrix} 1 & 2 & 3 \\ 4 & 5 & 6 \\ 7 & 8 & 9 \end{vmatrix}$ 中元素 a_{23} 的余子式是________________.

8. 行列式 $\begin{vmatrix} 1 & 2 & 3 \\ 4 & 5 & 6 \\ 7 & 8 & 9 \end{vmatrix}$ 中元素 a_{21} 的代数余子式是________________.

9. 若 $\begin{vmatrix} a & b \\ c & d \end{vmatrix} = -12$，则 $\begin{vmatrix} c & d \\ a & b \end{vmatrix} =$________.

10. 若 $\begin{vmatrix} a & c \\ b & d \end{vmatrix} = 3$，则 $\begin{vmatrix} 2a & -2c \\ 2b & -2d \end{vmatrix} =$________.

三、计算解答

1. 计算下列行列式：

(1) $\begin{vmatrix} 1 & 1 & 0 \\ 2 & 0 & 1 \\ -3 & -1 & 1 \end{vmatrix}$；　　(2) $\begin{vmatrix} 1 & 0 & 1 \\ -1 & 1 & 1 \\ -2 & -1 & 1 \end{vmatrix}$；

(3) $\begin{vmatrix} 1 & 2 & 0 & 1 \\ 1 & 3 & 5 & 0 \\ 0 & 1 & 5 & 6 \\ 1 & 2 & 3 & 4 \end{vmatrix}$；　　(4) $\begin{vmatrix} 1 & 1 & 1 & 1 \\ b & a & c & c \\ c & c & a & d \\ d & d & d & a \end{vmatrix}$.

2. 利用行列式解下列方程组：

(1) $\begin{cases} x_1 + x_2 = 3 \\ 3x_1 + 4x_2 = 11 \end{cases}$；　　(2) $\begin{cases} 2x + y = 5 \\ x - 5y = -3 \end{cases}$.

1.2　矩阵及运算

矩阵是线性代数中最基础的概念之一，也是一种重要的数学工具，在各个领域都有广泛的应用.

1.2.1　矩阵的概念

在工程技术和日常工作中，常常用到一些矩形数表. 例如表 1-1、表 1-2 列出了某部队从 3 个军工厂购买 4 种装备的情况.

表 1-1 购买装备数量表

	装备 1	装备 2	装备 3	装备 4
工厂 1(套)	38	33	50	75
工厂 2(套)	43	28	45	68
工厂 3(套)	25	30	55	80

表 1-2 装备单价、质量表

	单价(万元)	质量(kg)
装备 1	3	5
装备 2	4	11
装备 3	5	7
装备 4	6	13

利用矩形数表可以将它们简洁地表示为

$$\boldsymbol{A}=\begin{pmatrix}38&33&50&75\\43&28&45&68\\25&30&55&80\end{pmatrix},\boldsymbol{B}=\begin{pmatrix}3&5\\4&11\\5&7\\6&13\end{pmatrix}.$$

这类矩形数表在数学上就是下面定义的矩阵.

定义 1.2.1 由 $m\times n$ 个数 $a_{ij}(i=1,2,\cdots,m;j=1,2,\cdots,n)$ 排成如下的 m 行 n 列矩形数表

$$\boldsymbol{A}=\begin{pmatrix}a_{11}&a_{12}&\cdots&a_{1n}\\a_{21}&a_{22}&\cdots&a_{2n}\\\vdots&\vdots&&\vdots\\a_{m1}&a_{m2}&\cdots&a_{mn}\end{pmatrix}$$

称为 m 行 n 列矩阵,简称 $m\times n$ 矩阵. a_{ij} 称为矩阵 $\boldsymbol{A}$ 的第 i 行第 j 列的元素,矩阵通常用大写字母 $\boldsymbol{A},\boldsymbol{B},\boldsymbol{C},\cdots$ 来表示,有时也表示为 $\boldsymbol{A}_{m\times n}$ 或 $(a_{ij})_{m\times n}$,(a_{ij}).

元素是实数的矩阵称为实矩阵,元素是复数的矩阵称为复矩阵.

行数和列数都等于 n 的矩阵称为 n 阶矩阵或 n 阶方阵.

只有一行的矩阵 $\boldsymbol{A}=(a_{11},a_{12},\cdots,a_{1n})$ 称为行矩阵,又称为行向量.

只有一列的矩阵 $\boldsymbol{A}=\begin{pmatrix}a_{11}\\a_{21}\\\vdots\\a_{m1}\end{pmatrix}$ 称为列矩阵,又称为列向量.

元素都是 0 的矩阵称为零矩阵,记为 $\boldsymbol{0}$.

行数和列数对应相等的两个矩阵称为同型矩阵.

元素对应相等的两个同型矩阵 $\boldsymbol{A},\boldsymbol{B}$,称为相等矩阵,记为 $\boldsymbol{A}=\boldsymbol{B}$.

如果 n 阶方阵 $\boldsymbol{A}$ 的主对角线以外的元素都是 0,则称 $\boldsymbol{A}$ 为 n 阶对角矩阵.

如果 n 阶对角矩阵 $\boldsymbol{A}$ 的主对角线上的元素全是 1,则称 $\boldsymbol{A}$ 为 n 阶单位矩阵,记为 $\boldsymbol{E}_n$ 或 $\boldsymbol{E}$,即

$$\boldsymbol{E}_n=\begin{pmatrix}1&0&\cdots&0\\0&1&\cdots&0\\\vdots&\vdots&&\vdots\\0&0&\cdots&1\end{pmatrix}.$$

1.2.2 矩阵的线性运算

矩阵的线性运算主要包括矩阵的加减法与数乘矩阵.

1. 矩阵的加减法

定义 1.2.2 设 $\boldsymbol{A}=(a_{ij})_{m\times n}$,$\boldsymbol{B}=(b_{ij})_{m\times n}$ 为同型矩阵,矩阵 $\boldsymbol{A},\boldsymbol{B}$ 的加减运算记为 $\boldsymbol{A}\pm\boldsymbol{B}$,规定为

$$\boldsymbol{A}\pm\boldsymbol{B}=\begin{pmatrix}a_{11}\pm b_{11}&a_{12}\pm b_{12}&\cdots&a_{1n}\pm b_{1n}\\a_{21}\pm b_{21}&a_{22}\pm b_{22}&\cdots&a_{2n}\pm b_{2n}\\\vdots&\vdots&&\vdots\\a_{m1}\pm b_{m1}&a_{m2}\pm b_{m2}&\cdots&a_{mn}\pm b_{mn}\end{pmatrix}.$$

矩阵加法运算满足下列运算法则:设 $\boldsymbol{A},\boldsymbol{B},\boldsymbol{C}$ 为 $m\times n$ 矩阵,则

$\boldsymbol{A}+\boldsymbol{B}=\boldsymbol{B}+\boldsymbol{A}$; $(\boldsymbol{A}+\boldsymbol{B})+\boldsymbol{C}=\boldsymbol{A}+(\boldsymbol{B}+\boldsymbol{C})$.

2. 数与矩阵相乘

定义 1.2.3 数 k 与矩阵 $\boldsymbol{A}$ 的乘积记作 $k\boldsymbol{A}$,规定为

$$k\boldsymbol{A}=\begin{pmatrix}ka_{11}&ka_{12}&\cdots&ka_{1n}\\ka_{21}&ka_{22}&\cdots&ka_{2n}\\\vdots&\vdots&&\vdots\\ka_{m1}&ka_{m2}&\cdots&ka_{mn}\end{pmatrix}.$$

数乘矩阵满足下列运算法则:设 $\boldsymbol{A},\boldsymbol{B}$ 为 $m\times n$ 矩阵,k,l 为数,则

$(kl)\boldsymbol{A}=k(l\boldsymbol{A})$; $(k+l)\boldsymbol{A}=k\boldsymbol{A}+l\boldsymbol{A}$; $k(\boldsymbol{A}+\boldsymbol{B})=k\boldsymbol{A}+k\boldsymbol{B}$.

例 1.2.1 设 $\boldsymbol{A}=\begin{pmatrix}3&2&-2\\-1&3&1\end{pmatrix}$,$\boldsymbol{B}=\begin{pmatrix}2&-1&3\\1&-2&2\end{pmatrix}$,求:

(1) $\boldsymbol{A}+2\boldsymbol{B}$; (2) $\boldsymbol{B}-3\boldsymbol{A}$.

解 (1) $\boldsymbol{A}+2\boldsymbol{B}=\begin{pmatrix}3&2&-2\\-1&3&1\end{pmatrix}+2\begin{pmatrix}2&-1&3\\1&-2&2\end{pmatrix}$

$$=\begin{pmatrix}3&2&-2\\-1&3&1\end{pmatrix}+\begin{pmatrix}4&-2&6\\2&-4&4\end{pmatrix}=\begin{pmatrix}7&0&4\\1&-1&5\end{pmatrix};$$

(2) $\boldsymbol{B}-3\boldsymbol{A}=\begin{pmatrix}2&-1&3\\1&-2&2\end{pmatrix}-3\begin{pmatrix}3&2&-2\\-1&3&1\end{pmatrix}$

$=\begin{pmatrix}2&-1&3\\1&-2&2\end{pmatrix}-\begin{pmatrix}9&6&-6\\-3&9&3\end{pmatrix}=\begin{pmatrix}-7&-7&9\\4&-11&-1\end{pmatrix}$.

例 1.2.2 解矩阵方程 $3\boldsymbol{A}+2\boldsymbol{X}=\boldsymbol{B}$,其中

$$\boldsymbol{A}=\begin{pmatrix}3&1&0&2\\-1&2&1&4\\1&4&3&2\end{pmatrix},\boldsymbol{B}=\begin{pmatrix}1&0&2&0\\2&-1&0&1\\0&-2&1&1\end{pmatrix}.$$

解 (1) 由 $3\boldsymbol{A}+2\boldsymbol{X}=\boldsymbol{B}$ 得

$$\boldsymbol{X}=\frac{1}{2}(\boldsymbol{B}-3\boldsymbol{A})$$

将矩阵 $\boldsymbol{A},\boldsymbol{B}$ 代入,得

$$\boldsymbol{X}=\frac{1}{2}\left[\begin{pmatrix}1&0&2&0\\2&-1&0&1\\0&-2&1&1\end{pmatrix}-3\begin{pmatrix}3&1&0&2\\-1&2&1&4\\1&4&3&2\end{pmatrix}\right]=\frac{1}{2}\begin{pmatrix}-8&-3&2&-6\\5&-7&-3&-11\\-3&-14&-8&-5\end{pmatrix}$$

$$=\begin{pmatrix}-4&-\frac{3}{2}&1&-3\\\frac{5}{2}&-\frac{7}{2}&-\frac{3}{2}&-\frac{11}{2}\\-\frac{3}{2}&-7&-4&-\frac{5}{2}\end{pmatrix}.$$

1.2.3 矩阵的乘法

定义 1.2.4 设 $\boldsymbol{A}=(a_{ij})$ 是一个 $m\times s$ 矩阵,$\boldsymbol{B}=(b_{ij})$ 是一个 $s\times n$ 矩阵,规定矩阵 $\boldsymbol{A}$ 与矩阵 $\boldsymbol{B}$ 的乘积记作 $\boldsymbol{AB}$,它是一个 $m\times n$ 矩阵 $\boldsymbol{C}=(c_{ij})$,其中 c_{ij} 是 $\boldsymbol{A}$ 的第 i 行元素与 $\boldsymbol{B}$ 的第 j 列元素对应乘积的和,即

$$c_{ij}=a_{i1}b_{1j}+a_{i2}b_{2j}+a_{i3}b_{3j}+\cdots+a_{is}b_{sj}=\sum_{k=1}^{s}a_{ik}b_{kj}$$
$$(i=1,2,\cdots,m;j=1,2,\cdots,n).$$

为帮助理解和记忆,矩阵乘法可形象地表示如下:

$$c_{ij}=(a_{i1}\quad a_{a2}\quad\cdots\quad a_{is})\begin{pmatrix}b_{1j}\\b_{ij}\\\vdots\\b_{sj}\end{pmatrix}.$$

例 1.2.3 设 $\boldsymbol{A}=\begin{pmatrix}3&2&-2\\-1&3&1\end{pmatrix},\boldsymbol{B}=\begin{pmatrix}-1&2\\2&0\\3&-2\end{pmatrix}$,求 $\boldsymbol{AB}$ 与 $\boldsymbol{BA}$.

解 $\boldsymbol{AB}=\begin{pmatrix}3&2&-2\\-1&3&1\end{pmatrix}\begin{pmatrix}-1&2\\2&0\\3&-2\end{pmatrix}$

$=\begin{pmatrix}3\times(-1)+2\times2+(-2)\times3 & 3\times2+2\times0+(-2)\times(-2)\\(-1)\times(-1)+3\times2+1\times3 & (-1)\times2+3\times0+1\times(-2)\end{pmatrix}$

$=\begin{pmatrix}-5&10\\10&-4\end{pmatrix}$,

$\boldsymbol{BA}=\begin{pmatrix}-1&2\\2&0\\3&-2\end{pmatrix}\begin{pmatrix}3&2&-2\\-1&3&1\end{pmatrix}$

$=\begin{pmatrix}(-1)\times3+2\times(-1) & (-1)\times2+2\times3 & (-1)\times(-2)+2\times1\\2\times3+0\times(-1) & 2\times2+0\times3 & 2\times(-2)+0\times1\\3\times3+(-2)\times(-1) & 3\times2+(-2)\times3 & 3\times(-2)+(-2)\times1\end{pmatrix}$

$=\begin{pmatrix}-5&4&4\\6&4&-4\\11&0&-8\end{pmatrix}$.

例 1.2.4 设 $\boldsymbol{A}=\begin{pmatrix}2&-1\\1&2\end{pmatrix}$,$\boldsymbol{B}=\begin{pmatrix}3&4\\2&-1\end{pmatrix}$,求 $\boldsymbol{AB}$ 与 $\boldsymbol{BA}$.

解 $\boldsymbol{AB}=\begin{pmatrix}2&-1\\1&2\end{pmatrix}\begin{pmatrix}3&4\\2&-1\end{pmatrix}$

$=\begin{pmatrix}2\times3+(-1)\times2 & 2\times4+(-1)\times(-1)\\1\times3+2\times2 & 1\times4+2\times(-1)\end{pmatrix}=\begin{pmatrix}4&9\\7&2\end{pmatrix}$,

$\boldsymbol{BA}=\begin{pmatrix}3&4\\2&-1\end{pmatrix}\begin{pmatrix}2&-1\\1&2\end{pmatrix}$

$=\begin{pmatrix}3\times2+4\times1 & 3\times(-1)+4\times2\\2\times2+(-1)\times1 & 2\times(-1)+(-1)\times2\end{pmatrix}=\begin{pmatrix}10&5\\3&-4\end{pmatrix}$.

例 1.2.5 设 $\boldsymbol{A}=\begin{pmatrix}1&1\\0&1\end{pmatrix}$,$\boldsymbol{B}=\begin{pmatrix}2&3\\0&2\end{pmatrix}$,求 $\boldsymbol{AB}$ 与 $\boldsymbol{BA}$.

解 $\boldsymbol{AB}=\begin{pmatrix}1&1\\0&1\end{pmatrix}\begin{pmatrix}2&3\\0&2\end{pmatrix}=\begin{pmatrix}2&5\\0&2\end{pmatrix}$, $\boldsymbol{BA}=\begin{pmatrix}2&3\\0&2\end{pmatrix}\begin{pmatrix}1&1\\0&1\end{pmatrix}=\begin{pmatrix}2&5\\0&2\end{pmatrix}$.

例 1.2.6 设 $\boldsymbol{A}=\begin{pmatrix}1&1\\-1&-1\end{pmatrix}$,$\boldsymbol{B}=\begin{pmatrix}1&-1\\-1&1\end{pmatrix}$,$\boldsymbol{C}=\begin{pmatrix}-1&1\\1&-1\end{pmatrix}$,求 $\boldsymbol{AB}$ 与 $\boldsymbol{AC}$.

解 $\boldsymbol{AB}=\begin{pmatrix}1&1\\-1&-1\end{pmatrix}\begin{pmatrix}1&-1\\-1&1\end{pmatrix}=\begin{pmatrix}0&0\\0&0\end{pmatrix}$,

$\boldsymbol{AC}=\begin{pmatrix}1&1\\-1&-1\end{pmatrix}\begin{pmatrix}-1&1\\1&-1\end{pmatrix}=\begin{pmatrix}0&0\\0&0\end{pmatrix}$.

通过以上几个例子可以看出,矩阵的乘法与数的乘法有很大不同,需要引起注意:

(1) 只有左边矩阵 $\boldsymbol{A}_{m\times n}$ 的列数与右边矩阵 $\boldsymbol{B}_{n\times s}$ 的行数相等时,$\boldsymbol{A}_{m\times n}$ 与 $\boldsymbol{B}_{n\times s}$ 才能相

乘，称为**行乘列规则**.

(2) 通常情况下，对矩阵而言，$\boldsymbol{AB} \neq \boldsymbol{BA}$ ，即矩阵乘法不满足交换律，当然也有可能相等的情况，如例 1.2.5.

(3) 矩阵 $\boldsymbol{A}$ 与矩阵 $\boldsymbol{B}$ 都是非零矩阵，但 $\boldsymbol{AB}$ 有可能是零矩阵，如例 1.2.6，也就是说，对矩阵而言，不能由 $\boldsymbol{AB}=\boldsymbol{0}$ 得出 $\boldsymbol{A}=\boldsymbol{0}$ 或 $\boldsymbol{B}=\boldsymbol{0}$.

(4) 一般地，对矩阵而言，不能由 $\boldsymbol{AB}=\boldsymbol{AC}$ ，且 $\boldsymbol{A}\neq\boldsymbol{0}$ 推出 $\boldsymbol{B}=\boldsymbol{C}$ ，如例 1.2.6.

矩阵乘法虽不满足交换率，但满足下列运算规律(假定运算可行)：

$$(\boldsymbol{AB})\boldsymbol{C}=\boldsymbol{A}(\boldsymbol{BC}); \qquad \lambda(\boldsymbol{AB})=(\lambda\boldsymbol{A})\boldsymbol{B}=\boldsymbol{A}(\lambda\boldsymbol{B});$$
$$(\boldsymbol{A}+\boldsymbol{B})\boldsymbol{C}=\boldsymbol{AC}+\boldsymbol{BC}; \qquad \boldsymbol{A}(\boldsymbol{B}+\boldsymbol{C})=\boldsymbol{AB}+\boldsymbol{AC};$$
$$\boldsymbol{EA}=\boldsymbol{AE}=\boldsymbol{A}; \qquad \boldsymbol{A}^k\boldsymbol{A}^l=\boldsymbol{A}^{k+l},(\boldsymbol{A}^k)^l=\boldsymbol{A}^{kl}.$$

1.2.4 矩阵的转置

定义 1.2.5 把矩阵 $\boldsymbol{A}$ 的行换成同序数的列得到的一个新矩阵，称为矩阵 $\boldsymbol{A}$ 的转置矩阵，记为 $\boldsymbol{A}^{\mathrm{T}}$ ，即

$$\boldsymbol{A}=\begin{pmatrix} a_{11} & a_{12} & \cdots & a_{1n} \\ a_{21} & a_{22} & \cdots & a_{2n} \\ \vdots & \vdots & & \vdots \\ a_{m1} & a_{m2} & \cdots & a_{mn} \end{pmatrix}, \quad \boldsymbol{A}^{\mathrm{T}}=\begin{pmatrix} a_{11} & a_{21} & \cdots & a_{m1} \\ a_{12} & a_{22} & \cdots & a_{m2} \\ \vdots & \vdots & & \vdots \\ a_{1n} & a_{2n} & \cdots & a_{mn} \end{pmatrix}.$$

矩阵的转置也是一种运算，满足下列运算规律：

$(\boldsymbol{A}^{\mathrm{T}})^{\mathrm{T}}=\boldsymbol{A}$; $(\boldsymbol{A}+\boldsymbol{B})^{\mathrm{T}}=\boldsymbol{A}^{\mathrm{T}}+\boldsymbol{B}^{\mathrm{T}}$; $(k\boldsymbol{A})^{\mathrm{T}}=k\boldsymbol{A}^{\mathrm{T}}$; $(\boldsymbol{AB})^{\mathrm{T}}=\boldsymbol{B}^{\mathrm{T}}\boldsymbol{A}^{\mathrm{T}}$.

例 1.2.7 设 $\boldsymbol{A}=\begin{pmatrix} 1 & 1 & 0 \\ -1 & 2 & 3 \\ 0 & 3 & 2 \end{pmatrix}$, $\boldsymbol{B}=\begin{pmatrix} 1 & 2 \\ 3 & 2 \\ 1 & -1 \end{pmatrix}$ ，求 $(\boldsymbol{AB})^{\mathrm{T}}$ 与 $\boldsymbol{B}^{\mathrm{T}}\boldsymbol{A}^{\mathrm{T}}$.

解 因为

$$\boldsymbol{AB}=\begin{pmatrix} 1 & 1 & 0 \\ -1 & 2 & 3 \\ 0 & 3 & 2 \end{pmatrix}\begin{pmatrix} 1 & 2 \\ 3 & 2 \\ 1 & -1 \end{pmatrix}=\begin{pmatrix} 4 & 4 \\ 8 & -1 \\ 11 & 4 \end{pmatrix},$$

所以

$$(\boldsymbol{AB})^{\mathrm{T}}=\begin{pmatrix} 4 & 8 & 11 \\ 4 & -1 & 4 \end{pmatrix}.$$

又因为

$$\boldsymbol{A}^{\mathrm{T}}=\begin{pmatrix} 1 & -1 & 0 \\ 1 & 2 & 3 \\ 0 & 3 & 2 \end{pmatrix}, \boldsymbol{B}^{\mathrm{T}}=\begin{pmatrix} 1 & 3 & 1 \\ 2 & 2 & -1 \end{pmatrix},$$

所以

$$\boldsymbol{B}^{\mathrm{T}}\boldsymbol{A}^{\mathrm{T}}=\begin{pmatrix}1&3&1\\2&2&-1\end{pmatrix}\begin{pmatrix}1&-1&0\\1&2&3\\0&3&2\end{pmatrix}=\begin{pmatrix}4&8&11\\4&-1&4\end{pmatrix}.$$

1.2.5 方阵的行列式

定义 1.2.6 由 n 阶方阵 $\boldsymbol{A}$ 的元素所构成的行列式(各元素的位置不变),称为方阵 $\boldsymbol{A}$ 的行列式,记作 $|\boldsymbol{A}|$ 或 $\det\boldsymbol{A}$.

方阵的行列式满足下列运算规律:设 $\boldsymbol{A},\boldsymbol{B}$ 为 n 阶矩阵,k 为数,则

$$|\boldsymbol{A}^{\mathrm{T}}|=|\boldsymbol{A}|\ ;\quad |k\boldsymbol{A}|=k^n|\boldsymbol{A}|\ ;\quad |\boldsymbol{AB}|=|\boldsymbol{A}||\boldsymbol{B}|\ .$$

例 1.2.8 设 $\boldsymbol{A}=\begin{pmatrix}1&3\\-2&1\end{pmatrix}$,$\boldsymbol{B}=\begin{pmatrix}2&3\\4&1\end{pmatrix}$,验证 $|\boldsymbol{AB}|=|\boldsymbol{A}||\boldsymbol{B}|$.

解 因为

$$\boldsymbol{AB}=\begin{pmatrix}1&3\\-2&1\end{pmatrix}\begin{pmatrix}2&3\\4&1\end{pmatrix}=\begin{pmatrix}14&6\\0&-5\end{pmatrix},$$

所以

$$|\boldsymbol{AB}|=\begin{vmatrix}14&6\\0&-5\end{vmatrix}=-70.$$

又因为

$$|\boldsymbol{A}|=\begin{vmatrix}1&3\\-2&1\end{vmatrix}=7\ ,\ |\boldsymbol{B}|=\begin{vmatrix}2&3\\4&1\end{vmatrix}=-10\ ,$$

所以

$$|\boldsymbol{AB}|=|\boldsymbol{A}||\boldsymbol{B}|\ .$$

1.2.6 逆矩阵

定义 1.2.7 设 $\boldsymbol{A}$ 为 n 阶方阵,如果存在 n 阶方阵 $\boldsymbol{B}$,使得 $\boldsymbol{AB}=\boldsymbol{E}$(或 $\boldsymbol{BA}=\boldsymbol{E}$),则称方阵 $\boldsymbol{A}$ 是可逆矩阵,简称 $\boldsymbol{A}$ 可逆,并把方阵 $\boldsymbol{B}$ 称为 $\boldsymbol{A}$ 的逆矩阵,记为 $\boldsymbol{A}^{-1}$,即 $\boldsymbol{A}^{-1}=\boldsymbol{B}$.

例 1.2.9 设 $\boldsymbol{A}=\begin{pmatrix}-1&2\\2&-3\end{pmatrix}$,$\boldsymbol{B}=\begin{pmatrix}3&2\\2&1\end{pmatrix}$,验证 $\boldsymbol{B}$ 是 $\boldsymbol{A}$ 的逆矩阵.

解 因为

$$\boldsymbol{AB}=\begin{pmatrix}-1&2\\2&-3\end{pmatrix}\begin{pmatrix}3&2\\2&1\end{pmatrix}=\begin{pmatrix}1&0\\0&1\end{pmatrix},$$

所以,矩阵 $\boldsymbol{B}$ 是矩阵 $\boldsymbol{A}$ 的逆矩阵.

可逆矩阵满足下列运算规律：设 $\boldsymbol{A},\boldsymbol{B}$ 都是可逆矩阵，则

$$(\boldsymbol{A}^{-1})^{-1}=\boldsymbol{A}\ ;\qquad (k\boldsymbol{A})^{-1}=\frac{1}{k}\boldsymbol{A}^{-1}\ ;\qquad (\boldsymbol{AB})^{-1}=\boldsymbol{B}^{-1}\boldsymbol{A}^{-1}\ ;$$

$$(\boldsymbol{A}^{\mathrm{T}})^{-1}=(\boldsymbol{A}^{-1})^{\mathrm{T}}\ ;\qquad |\boldsymbol{A}^{-1}|=|\boldsymbol{A}|^{-1}\ ;\qquad \boldsymbol{A}\text{ 可逆}\Leftrightarrow|\boldsymbol{A}|\neq 0 .$$

这些运算规律都可由逆矩阵的定义进行证明. 例如：

因为 $(k\boldsymbol{A})\left(\frac{1}{k}\boldsymbol{A}^{-1}\right)=\left(k\cdot\frac{1}{k}\right)(\boldsymbol{AA}^{-1})=\boldsymbol{E}$，所以 $(k\boldsymbol{A})^{-1}=\frac{1}{k}\boldsymbol{A}^{-1}$.

因为 $(\boldsymbol{AB})(\boldsymbol{B}^{-1}\boldsymbol{A}^{-1})=\boldsymbol{A}(\boldsymbol{BB}^{-1})\boldsymbol{A}^{-1}=\boldsymbol{AEA}^{-1}=\boldsymbol{AA}^{-1}=\boldsymbol{E}$，所以 $(\boldsymbol{AB})^{-1}=\boldsymbol{B}^{-1}\boldsymbol{A}^{-1}$.

因为 $\boldsymbol{A}^{\mathrm{T}}(\boldsymbol{A}^{-1})^{\mathrm{T}}=(\boldsymbol{A}^{-1}\boldsymbol{A})^{\mathrm{T}}=\boldsymbol{E}^{\mathrm{T}}=\boldsymbol{E}$，所以 $(\boldsymbol{A}^{\mathrm{T}})^{-1}=(\boldsymbol{A}^{-1})^{\mathrm{T}}$.

因为 $|\boldsymbol{A}^{-1}\boldsymbol{A}|=|\boldsymbol{A}^{-1}||\boldsymbol{A}|=|\boldsymbol{E}|=1$，所以 $|\boldsymbol{A}^{-1}|=\frac{1}{|\boldsymbol{A}|}=|\boldsymbol{A}|^{-1}$.

逆矩阵是一种重要的方阵，有着广泛的应用，关于它的求解方法将在下节讨论.

练习与作业 1-2

一、选择

1. 下列说法正确的是 （　　）

A. 单位矩阵不一定是方阵；　B. 只有同型矩阵才能相乘；

C. 任何矩阵 $\boldsymbol{A}$ 与单位矩阵相加还是 $\boldsymbol{A}$ ；　D. 矩阵相乘不满足交换律.

2. 下列说法正确的是 （　　）

A. 若矩阵 $\boldsymbol{A},\boldsymbol{B}$ 均为零矩阵，则 $\boldsymbol{A}=\boldsymbol{B}$ ；

B. 若矩阵 $\boldsymbol{A},\boldsymbol{B}$ 均为单位矩阵，则 $\boldsymbol{A}=\boldsymbol{B}$ ；

C. 数 k 乘矩阵 $\boldsymbol{A}$ 就是将数 k 乘以矩阵 $\boldsymbol{A}$ 中的每一个元素；

D. 数 k 乘矩阵 $\boldsymbol{A}$ 就是将数 k 乘以矩阵 $\boldsymbol{A}$ 中某一行(列)的每一个元素.

3. 设矩阵 $\boldsymbol{A}$ 是 3×4 矩阵，矩阵 $\boldsymbol{B}$ 是 4×2 矩阵，则 $\boldsymbol{AB}$ 是 （　　）

A. 不能相乘；　B. 3×2 矩阵；

C. 4×4 矩阵；　D. 2×3 矩阵.

4. 对于矩阵 $\boldsymbol{A},\boldsymbol{B}$，下列说法正确的是 （　　）

A. $\boldsymbol{AB}=\boldsymbol{0}$，则 $\boldsymbol{A}=\boldsymbol{0}$ 或 $\boldsymbol{B}=\boldsymbol{0}$ ；　B. $|\boldsymbol{AB}|=|\boldsymbol{A}||\boldsymbol{B}|$ ；

C. $|\boldsymbol{A}+\boldsymbol{B}|=|\boldsymbol{A}|+|\boldsymbol{B}|$ ；　D. $\boldsymbol{AB}=\boldsymbol{BA}$.

5. 设 A 为 n 阶可逆矩阵，则下列关系中正确的是 （　　）

A. $(\boldsymbol{A})^{-1}=\boldsymbol{A}$ ；　B. 矩阵 $\boldsymbol{A}$ 可逆 $\Leftrightarrow|\boldsymbol{A}|=0$ ；

C. $(\boldsymbol{A}^{\mathrm{T}})^{-1}=\boldsymbol{A}^{-1}$ ；　D. $|\boldsymbol{A}^{-1}|=|\boldsymbol{A}|^{-1}$.

6. 设 $\boldsymbol{A}$ 为 n 阶矩阵，则下列关系中错误的是 （　　）

A. $|\boldsymbol{A}^{\mathrm{T}}|=|\boldsymbol{A}|$ ；　B. $|k\boldsymbol{A}|=k|\boldsymbol{A}|$ ；

C. $|\boldsymbol{AB}|=|\boldsymbol{A}||\boldsymbol{B}|$ ；　D. $|\boldsymbol{A}^{-1}|=|\boldsymbol{A}|^{-1}$.

二、填空

1. 两个矩阵能够相加的前提是________________.

2. 矩阵能够相乘即 $\boldsymbol{AB}$ 成立的前提是________________________.

3. $\begin{pmatrix}1&2\\3&4\end{pmatrix}-2\begin{pmatrix}1&2\\-1&0\end{pmatrix}=$________.

4. 设 $\boldsymbol{A}=(1,-1,2)$，$\boldsymbol{B}=\begin{pmatrix}3\\1\\2\end{pmatrix}$，则 $\boldsymbol{AB}=$ ________.

5. 设 $\boldsymbol{A}=(1,2)$，$\boldsymbol{B}=\begin{pmatrix}2\\-1\end{pmatrix}$，则 $\boldsymbol{BA}=$ ________.

6. 设 $\boldsymbol{A}=\begin{pmatrix}3&1\\2&2\end{pmatrix}$，$\boldsymbol{B}=\begin{pmatrix}1&5\\3&2\end{pmatrix}$，则 $\boldsymbol{A}^{\mathrm{T}}\boldsymbol{B}=$ ________.

7. 若 $|\boldsymbol{A}|=5$，$|\boldsymbol{B}|=2$，则 $|\boldsymbol{AB}|=$ ________.

8. 若 $\boldsymbol{A}$ 为 3 阶方阵，且 $|\boldsymbol{A}|=-3$，则 $|2\boldsymbol{A}|=$ ________.

9. 若 $|\boldsymbol{A}|=2$，则 $|\boldsymbol{A}^{-1}|=$ ________.

10. 若 $\boldsymbol{A},\boldsymbol{B},\boldsymbol{C}$ 为同阶可逆矩阵，则 $(\boldsymbol{ABC})^{-1}=$ ________.

三、计算解答

1. 已知 $\boldsymbol{A}=\begin{pmatrix}1&2&3&4\\0&-1&5&2\\2&3&1&0\end{pmatrix}$，$\boldsymbol{B}=\begin{pmatrix}0&2&1&3\\4&1&0&2\\0&-3&2&5\end{pmatrix}$，求 $\boldsymbol{A}+\boldsymbol{B}$ 及 $2\boldsymbol{A}+3\boldsymbol{B}$.

2. 已知 $\boldsymbol{A}=\begin{pmatrix}3&2&-1\\2&-3&5\end{pmatrix}$，$\boldsymbol{B}=\begin{pmatrix}1&3\\-5&4\\3&6\end{pmatrix}$，求 $\boldsymbol{AB}$ 及 $\boldsymbol{BA}$.

3. 已知 $\boldsymbol{A}=\begin{pmatrix}2&1\\-4&-2\end{pmatrix}$，$\boldsymbol{B}=\begin{pmatrix}3&-1\\1&2\end{pmatrix}$，求 $\boldsymbol{A}^2$ 及 $\boldsymbol{B}^{\mathrm{T}}\boldsymbol{A}$.

4. 已知 $\boldsymbol{A}=\begin{pmatrix}1&3\\-2&2\\-1&-5\end{pmatrix}$，$\boldsymbol{B}=\begin{pmatrix}1&2&-1\\-1&-3&2\end{pmatrix}$，验证 $(\boldsymbol{AB})^{\mathrm{T}}=\boldsymbol{B}^{\mathrm{T}}\boldsymbol{A}^{\mathrm{T}}$.

5. 已知 $\boldsymbol{A}=\begin{pmatrix}-2&1\\3&2\end{pmatrix}$，$\boldsymbol{B}=\begin{pmatrix}2&4\\-5&1\end{pmatrix}$，验证 $|\boldsymbol{AB}|=|\boldsymbol{A}||\boldsymbol{B}|$.

6. 解矩阵方程：

(1) $2\boldsymbol{A}+3\boldsymbol{X}=\boldsymbol{B}$，其中 $\boldsymbol{A}=\begin{pmatrix}0&-1\\1&2\end{pmatrix}$，$\boldsymbol{B}=\begin{pmatrix}3&4\\2&1\end{pmatrix}$；

(2) $3\boldsymbol{A}+2\boldsymbol{X}=\boldsymbol{B}$，其中 $\boldsymbol{A}=\begin{pmatrix}1&3&1\\1&1&-1\\2&5&1\end{pmatrix}$，$\boldsymbol{B}=\begin{pmatrix}3&0&-5\\2&2&0\\2&5&1\end{pmatrix}$.

1.3 矩阵的初等变换

矩阵的初等变换是矩阵的一种十分重要的运算，它在求逆矩阵、解线性方程组及矩阵理论的探讨中都起着重要的作用.

1.3.1 矩阵初等变换的概念

用消元法解线性方程组时，经常进行以下三种同解变换：

(1) 互换两个方程的位置；

(2) 将一个方程乘以一个非零常数 k；

(3) 将一个方程乘以一个非零常数 k 后加到另一个方程上去.

线性方程组经过上述一系列的同解变换后得到的新方程组与原方程组是同解的,这三种变换也称为线性方程组的初等变换.

对线性方程组进行上述一系列的同解变换过程中,实际上只是对方程组的系数和常数进行运算,而未知数并未参与运算,如果把线性方程组的系数和常数分离出来,将之看作是一个矩阵,由此便得到矩阵初等变换的概念.

定义 1.3.1 下列三种变换称为矩阵的**初等行变换**:

(1) 对调矩阵的两行(对调 i,j 两行,记作 $r_i \leftrightarrow r_j$);

(2) 以非零常数 k 乘某一行中的所有元素(第 i 行乘 k,记作 $r_i \times k$);

(3) 把某一行中所有元素的 k 倍加到另一行对应的元素上去(第 i 行的 k 倍加到第 j 行上,记作 $r_j + kr_i$).

把定义中的行换成列,便得到矩阵的初等列变换的定义(相应记号是把 r 换成 c).

矩阵的初等行变换和初等列变换统称为**矩阵的初等变换**.

如果矩阵 $\boldsymbol{A}$ 经过有限次初等变换变成新的矩阵 $\boldsymbol{B}$,就称矩阵 $\boldsymbol{A}$ 与矩阵 $\boldsymbol{B}$ 等价,记作 $\boldsymbol{A} \sim \boldsymbol{B}$.

1.3.2 几种特殊的矩阵

为进一步学习的需要,下面先介绍几种特殊的矩阵:

1. 行阶梯形矩阵

如果一个矩阵含有的零行(该行元素全为 0)位于矩阵的最下方,含有的非零行自第二行起,每行的第一个非零元素都在上一行的第一个非零元素的右边,那么这样的矩阵称为行阶梯形矩阵.

例如,下列矩阵中,矩阵 $\boldsymbol{A}$,$\boldsymbol{B}$ 都是行阶梯形矩阵;而矩阵 $\boldsymbol{C}$,$\boldsymbol{D}$ 都不是行阶梯形矩阵.

$$\boldsymbol{A} = \begin{pmatrix} 1 & 0 & 2 & -2 & 5 \\ 0 & -2 & 3 & 0 & 1 \\ 0 & 0 & 0 & 2 & -3 \\ 0 & 0 & 0 & 0 & 0 \end{pmatrix}, \quad \boldsymbol{B} = \begin{pmatrix} 1 & -2 & 0 & 0 \\ 0 & 0 & 1 & 0 \\ 0 & 0 & 0 & 1 \end{pmatrix},$$

$$\boldsymbol{C} = \begin{pmatrix} 1 & -1 & 0 & 2 \\ 0 & 0 & 3 & 1 \\ 0 & 0 & 2 & 5 \end{pmatrix}, \quad \boldsymbol{D} = \begin{pmatrix} 2 & 3 & 0 \\ 0 & 0 & 0 \\ 0 & 1 & 0 \end{pmatrix}.$$

2. 行最简形矩阵

如果一个行阶梯形矩阵的每个非零行的第一个不为零的元素都是 1,且其所在列的其他元素都是 0,那么这样的矩阵称为行最简形矩阵.

例如,下面的矩阵 $\boldsymbol{F}$,$\boldsymbol{G}$ 就是行最简形矩阵:

$$F=\begin{pmatrix}1&0&3&0\\0&1&2&0\\0&0&0&1\end{pmatrix},\qquad G=\begin{pmatrix}1&0&-1&0&4\\0&1&-1&0&3\\0&0&0&1&-3\\0&0&0&0&0\end{pmatrix}.$$

3. 标准形矩阵

如果一个矩阵的左上角是单位矩阵，而其余部分的元素全是 0，这样的矩阵称为标准形矩阵. 如下面的矩阵 $\boldsymbol{H}$ 就是标准形矩阵：

$$H=\begin{pmatrix}1&0&0&0&0\\0&1&0&0&0\\0&0&1&0&0\\0&0&0&0&0\end{pmatrix}.$$

一般来说，任何一个矩阵经过有限次初等行变换都可变为行阶梯形矩阵和行最简形矩阵；再经过有限次初等列变换还可变为标准形矩阵.

例 1.3.1 用初等变换将下列矩阵变为行阶梯形矩阵、行最简形矩阵和标准形矩阵：

$$A=\begin{pmatrix}1&-1&0&-3&2\\1&-1&2&-5&2\\2&-2&2&-7&4\\3&-3&4&-10&6\end{pmatrix}.$$

解
$$A=\begin{pmatrix}1&-1&0&-3&2\\1&-1&2&-5&2\\2&-2&2&-7&4\\3&-3&4&-10&6\end{pmatrix}\overset{\substack{r_2-r_1\\r_3-2r_i\\r_4-3r_i}}{\sim}\begin{pmatrix}1&-1&0&-3&2\\0&0&2&-2&0\\0&0&2&-1&0\\0&0&4&-1&0\end{pmatrix}$$

$$\overset{\substack{r_3-r_2\\r_4-2r_2}}{\sim}\begin{pmatrix}1&-1&0&-3&2\\0&0&2&-2&0\\0&0&0&1&0\\0&0&0&3&0\end{pmatrix}\overset{r_4-3r_3}{\sim}\begin{pmatrix}1&-1&0&-3&2\\0&0&2&-2&0\\0&0&0&1&0\\0&0&0&0&0\end{pmatrix}=B$$

$$\overset{r_2\div 2}{\sim}\begin{pmatrix}1&-1&0&-3&2\\0&0&1&-1&0\\0&0&0&1&0\\0&0&0&0&0\end{pmatrix}\overset{\substack{r_2+r_3\\r_1+3r_3}}{\sim}\begin{pmatrix}1&-1&0&0&2\\0&0&1&0&0\\0&0&0&1&0\\0&0&0&0&0\end{pmatrix}=C$$

$$\overset{\substack{c_2+c_1\\c_5-2c_1}}{\sim}\begin{pmatrix}1&0&0&0&0\\0&0&1&0&0\\0&0&0&1&0\\0&0&0&0&0\end{pmatrix}\overset{\substack{c_2\leftrightarrow c_3\\c_3\leftrightarrow c_4}}{\sim}\begin{pmatrix}1&0&0&0&0\\0&1&0&0&0\\0&0&1&0&0\\0&0&0&0&0\end{pmatrix}=D.$$

所以，矩阵 $\boldsymbol{B}$ 为所求行阶梯形矩阵，矩阵 $\boldsymbol{C}$ 为所求行最简形矩阵，矩阵 $\boldsymbol{D}$ 为所求标准形矩阵.

1.3.3 用初等变换法求逆矩阵

矩阵初等变换的一个重要应用就是求逆矩阵，涉及的理论原理在此不做深入介绍，下面直接给出具体求解方法：

在可逆矩阵 $\boldsymbol{A}$ 的右边放置一个同阶单位矩阵 $\boldsymbol{E}$，写成一个长方形矩阵 $(\boldsymbol{A}|\boldsymbol{E})$，对 $(\boldsymbol{A}|\boldsymbol{E})$ 施行若干次初等行变换，当左边的 $\boldsymbol{A}$ 变成 $\boldsymbol{E}$ 时，右边的 $\boldsymbol{E}$ 就变成了 $\boldsymbol{A}^{-1}$，即

$$(\boldsymbol{A}|\boldsymbol{E}) \overset{\text{初等行变换}}{\sim} (\boldsymbol{E}|\boldsymbol{A}^{-1}).$$

例 1.3.2 用初等变换法求矩阵 $\boldsymbol{A}=\begin{pmatrix}1&1\\2&3\end{pmatrix}$ 的逆矩阵.

解 因为

$$(\boldsymbol{A}|\boldsymbol{E})=\left(\begin{array}{cc|cc}1&1&1&0\\2&3&0&1\end{array}\right)\overset{r_2-2r_1}{\sim}\left(\begin{array}{cc|cc}1&1&1&0\\0&1&-2&1\end{array}\right)\overset{r_1-r_2}{\sim}\left(\begin{array}{cc|cc}1&0&3&-1\\0&1&-2&1\end{array}\right),$$

所以，所求的逆矩阵为

$$\boldsymbol{A}^{-1}=\begin{pmatrix}3&-1\\-2&1\end{pmatrix}.$$

例 1.3.3 用初等变换法求矩阵 $\boldsymbol{A}=\begin{pmatrix}1&1&2\\-1&2&0\\2&1&3\end{pmatrix}$ 的逆矩阵.

解 因为

$$(\boldsymbol{A}|\boldsymbol{E})=\left(\begin{array}{ccc|ccc}1&1&2&1&0&0\\-1&2&0&0&1&0\\2&1&3&0&0&1\end{array}\right)\overset{\substack{r_2+r_1\\r_3-2r_1}}{\sim}\left(\begin{array}{ccc|ccc}1&1&2&1&0&0\\0&3&2&1&1&0\\0&-1&-1&-2&0&1\end{array}\right)$$

$$\overset{r_3\leftrightarrow r_2}{\sim}\left(\begin{array}{ccc|ccc}1&1&2&1&0&0\\0&-1&-1&-2&0&1\\0&3&2&1&1&0\end{array}\right)\overset{\substack{r_1+r_2\\r_3+3r_2}}{\sim}\left(\begin{array}{ccc|ccc}1&0&1&-1&0&1\\0&-1&-1&-2&0&1\\0&0&-1&-5&1&3\end{array}\right)$$

$$\overset{\substack{r_1+r_3\\r_2-r_3}}{\sim}\left(\begin{array}{ccc|ccc}1&0&0&-6&1&4\\0&-1&0&3&-1&-2\\0&0&-1&-5&1&3\end{array}\right)\overset{\substack{r_2\div(-1)\\r_3\div(-1)}}{\sim}\left(\begin{array}{ccc|ccc}1&0&0&-6&1&4\\0&1&0&-3&1&2\\0&0&1&5&-1&-3\end{array}\right),$$

所以，所求的逆矩阵为

$$\boldsymbol{A}^{-1}=\begin{pmatrix}-6&1&4\\-3&1&2\\5&-1&-3\end{pmatrix}.$$

例 1.3.4 解矩阵方程 $\boldsymbol{AX}=\boldsymbol{B}$，其中 $\boldsymbol{A}=\begin{pmatrix}1&1\\2&3\end{pmatrix}$，$\boldsymbol{B}=\begin{pmatrix}1&-1\\0&2\end{pmatrix}$.

解 若矩阵 $\boldsymbol{A}$ 可逆，则对 $\boldsymbol{AX}=\boldsymbol{B}$ 两边左乘 $\boldsymbol{A}^{-1}$ 可得

$$\boldsymbol{A}^{-1}\boldsymbol{AX}=\boldsymbol{A}^{-1}\boldsymbol{B}\text{，即 }\boldsymbol{X}=\boldsymbol{A}^{-1}\boldsymbol{B}.$$

所以，解矩阵方程 $\boldsymbol{AX}=\boldsymbol{B}$ 的关键在于求 $\boldsymbol{A}^{-1}$.

由例 1.3.2 的结论知

$$\boldsymbol{A}^{-1}=\begin{pmatrix}3&-1\\-2&1\end{pmatrix}.$$

所以 $\boldsymbol{X}=\boldsymbol{A}^{-1}\boldsymbol{B}=\begin{pmatrix}3&-1\\-2&1\end{pmatrix}\begin{pmatrix}1&-1\\0&2\end{pmatrix}=\begin{pmatrix}3&-5\\-2&4\end{pmatrix}$.

练习与作业 1-3

一、选择

1. 下列不属于矩阵初等行变换的是（　　）

A. 把矩阵的第 2 行乘以 5 加到第 3 行；　B. 将矩阵转置；

C. 交换矩阵的第 2 行和第 3 行；　D. 将矩阵第 2 行除以 5.

2. 下列矩阵中_______是行阶梯形矩阵（　　）

A. $\begin{pmatrix}1&2&-1&4\\0&0&5&-3\\0&0&5&-3\end{pmatrix}$；　B. $\begin{pmatrix}1&-2&0&0\\0&0&1&0\\0&0&0&1\end{pmatrix}$；

C. $\begin{pmatrix}2&3&0\\0&0&0\\0&1&0\end{pmatrix}$；　D. $\begin{pmatrix}0&1&0&0\\2&0&1&0\\0&0&2&1\end{pmatrix}$.

3. 下列矩阵中_______不是行最简形矩阵（　　）

A. $\begin{pmatrix}1&0&-2&-1\\0&1&2&3\\0&0&0&0\end{pmatrix}$；　B. $\begin{pmatrix}1&0&0&0\\0&0&1&0\\0&0&0&1\end{pmatrix}$；

C. $\begin{pmatrix}1&0&0&0\\0&1&2&0\\0&0&1&-1\\0&0&0&1\end{pmatrix}$；　D. $\begin{pmatrix}0&1&0&0\\0&0&1&0\\0&0&0&1\end{pmatrix}$.

二、填空

1. 将矩阵 $\begin{pmatrix}1&2&-1&4\\0&1&2&-1\\0&2&4&-2\end{pmatrix}$ 化为行阶梯形矩阵还需要进行的初等行变换是_______.

2. 将矩阵 $\begin{pmatrix}1&0&-1&2&0\\0&1&0&1&3\\0&0&1&0&1\end{pmatrix}$ 化为行最简形矩阵还需要进行的初等行变换是_______.

3. 矩阵 $\begin{pmatrix}2&1\\1&1\end{pmatrix}$ 的逆矩阵是_______.

三、计算解答

1. 求下列矩阵的逆矩阵：

(1) $\boldsymbol{A}=\begin{pmatrix}1&0&1\\-1&1&1\\-2&-1&1\end{pmatrix}$；(2) $\boldsymbol{B}=\begin{pmatrix}1&1&2\\-1&2&0\\2&1&3\end{pmatrix}$；(3) $\boldsymbol{C}=\begin{pmatrix}1&0&0&0\\1&2&0&0\\2&4&3&0\\1&-2&6&4\end{pmatrix}$.

2. 解矩阵方程：

(1) $\begin{pmatrix}2&1\\1&2\end{pmatrix}\boldsymbol{X}=\begin{pmatrix}1&2\\-1&4\end{pmatrix}$；　　(2) $\boldsymbol{X}\begin{pmatrix}1&2\\-1&-3\end{pmatrix}=\begin{pmatrix}1&2\\-1&1\\0&2\end{pmatrix}$.

1.4 矩阵的秩

1.4.1 矩阵秩的概念

定义 1.4.1 若矩阵 $\boldsymbol{A}$ 中至少有一个 r 阶子式(在 $\boldsymbol{A}$ 中任取 r 行、r 列，位于交叉处的元素保持原来位置构成的 r 阶行列式)不为零，而所有 $r+1$ 阶子式全为零，则称数 r 为矩阵的秩，记作 $rank(\boldsymbol{A})=r$.

因为零矩阵的所有子式均为零，所以规定零矩阵的秩为 0.

为便于正确理解矩阵秩的定义，下面举几个实例：

(1) 矩阵 $\boldsymbol{A}=\begin{pmatrix}1&2\\1&0\end{pmatrix}$，其唯一的 2 阶子式 $\begin{vmatrix}1&2\\1&0\end{vmatrix}=-2\neq 0$，所以 $rank(\boldsymbol{A})=2$.

(2) 矩阵 $\boldsymbol{B}=\begin{pmatrix}0&2\\0&0\end{pmatrix}$，其唯一的 2 阶子式 $\begin{vmatrix}0&2\\0&0\end{vmatrix}=0$，但有 1 阶式 $|2|=2\neq 0$，所以 $rank(\boldsymbol{B})=1$.

(3) 矩阵 $\boldsymbol{C}=\begin{pmatrix}1&2&3\\2&3&-5\\4&7&1\end{pmatrix}$，易求得其唯一的 3 阶子式 $\begin{vmatrix}1&2&3\\2&3&-5\\4&7&1\end{vmatrix}=0$，而容易看到 2 阶子式 $\begin{vmatrix}1&2\\2&3\end{vmatrix}=-1\neq 0$，所以 $rank(\boldsymbol{C})=2$.

(4) 矩阵 $\boldsymbol{D}=\begin{pmatrix}1&1&-1&2\\2&-2&1&-3\\3&-1&0&-1\end{pmatrix}$，其有 4 个 3 阶子式，经计算均为 0，分别是

$$\begin{vmatrix}1&1&-1\\2&-2&1\\3&-1&0\end{vmatrix}=0,\ \begin{vmatrix}1&1&2\\2&-2&-3\\3&-1&-1\end{vmatrix}=0,\ \begin{vmatrix}1&-1&2\\2&1&-3\\3&0&-1\end{vmatrix}=0,\ \begin{vmatrix}1&-1&2\\-2&1&-3\\-1&0&-1\end{vmatrix}=0,$$

但明显有一个 2 阶子式 $\begin{vmatrix}1&1\\2&-2\end{vmatrix}=-4\neq 0$，所以 $rank(\boldsymbol{D})=2$.

(5) 矩阵 $\boldsymbol{F}=\begin{pmatrix}2 & -1 & 0 & 3 & -2\\0 & 3 & 1 & -2 & 5\\0 & 0 & 0 & 4 & -3\\0 & 0 & 0 & 0 & 0\end{pmatrix}$,容易看出所有 4 阶子式均为 0,因为所有 4 阶子式均含有一行零元素,而 3 阶子式 $\begin{vmatrix}2 & -1 & 3\\0 & 3 & -2\\0 & 0 & 4\end{vmatrix}=24\neq 0$,所以 $rank(\boldsymbol{F})=3$.

从上述实例中可以看出:利用定义来求高阶矩阵的秩不太方便,计算量较大. 比如(4)中的矩阵 $\boldsymbol{D}$,仅仅是一个 3 行 4 列的矩阵,我们就至少需要计算 4 个 3 阶子式和 1 个 2 阶子式才能得出结果 ,如果矩阵阶数较大,计算量就更大;而(5)中的矩阵 $\boldsymbol{F}$ 却不一样,它是一个行阶梯形矩阵,尽管是一个 4 行 5 列的矩阵,但几乎不用计算就可以看出其秩,这启示我们,行阶梯形矩阵比较容易得出其秩. 为什么呢? 为此先介绍矩阵秩的性质.

1.4.2 矩阵秩的性质

由矩阵秩的定义知,矩阵的秩具有如下性质:

(1) 设 $\boldsymbol{A}$ 为 $m\times n$ 矩阵,则 $rank(\boldsymbol{A})\leqslant\min(m,n)$;

(2) $rank(\boldsymbol{A}^{\mathrm{T}})=rank(\boldsymbol{A})$;

(3) 若 $\boldsymbol{A}$ 为 n 阶可逆矩阵,则 $rank(\boldsymbol{A})=n$;

(4) 若 $\boldsymbol{A}\sim\boldsymbol{B}$,则 $rank(\boldsymbol{A})=rank(\boldsymbol{B})$;

(5) 行阶梯形矩阵的秩等于它的非零行的行数.

性质(1)是显然的,因为矩阵子式的阶数不会大于矩阵的行数和列数.

对于性质(2),因为矩阵子式是行列式,行列式与其转置行列式相等,所以矩阵转置后对应的子式是否为零不会改变,当然矩阵转置后秩就不会变.

对于性质(3),因为若 $\boldsymbol{A}$ 为 n 阶可逆矩阵,说明 $|\boldsymbol{A}|\neq 0$,也就是说矩阵 $\boldsymbol{A}$ 有一个 n 阶子式不为零,所以 $rank(\boldsymbol{A})=n$.

对于性质(4),因为三种初等变换对应行列式的三种运算,而行列式经过这三种运算后其值是否为零不会改变.

对于性质(5),因为从行阶梯形矩阵的所有非零行中可以找到一个以非零行数为阶数的不为零的子式,而再高一阶的子式中均含有零行,其值必为零,所以行阶梯形矩阵的秩等于它的非零行的行数.

1.4.3 矩阵秩的求法

前述关于矩阵秩的性质中,性质(4)、(5)实际上就给出了一种求矩阵秩的方法,称为初等变换法. 即,若求矩阵 $\boldsymbol{A}$ 的秩,先将矩阵 $\boldsymbol{A}$ 进行若干次初等行变换变为矩阵 $\boldsymbol{B}$,而矩阵 $\boldsymbol{B}$ 的非零行的行数就是所求矩阵 $\boldsymbol{A}$ 的秩. 下面具体举例说明.

例 1.4.1 求矩阵 $\boldsymbol{A}=\begin{pmatrix}1 & 2 & -1 & 4\\2 & 4 & 3 & 5\\-1 & -2 & 6 & -7\end{pmatrix}$ 的秩.

解 因为

$$A=\begin{pmatrix}1&2&-1&4\\2&4&3&5\\-1&-2&6&-7\end{pmatrix}\overset{\substack{r_2-2r_1\\r_3+r_1}}{\sim}\begin{pmatrix}1&2&-1&4\\0&0&5&-3\\0&0&5&-3\end{pmatrix}\overset{r_3-r_2}{\sim}\begin{pmatrix}1&2&-1&4\\0&0&5&-3\\0&0&0&0\end{pmatrix}.$$

所以 $rank(\mathbf{A})=2$.

练习与作业 1-4

一、选择

1. 如果矩阵 $\mathbf{A}$ 的秩是 3,则下列说法正确的是 ( )

A. 矩阵 $\mathbf{A}$ 的所有 3 阶子式都不等于零;

B. 矩阵 $\mathbf{A}$ 中至少有一个 4 阶子式不等于零;

C. 矩阵 $\mathbf{A}$ 的所有 2 阶子式都等于零;

D. 矩阵 $\mathbf{A}$ 中至少有一个 3 阶子式不等于零.

2. 下列说法错误的是 ( )

A. 初等行变换不改变矩阵的秩;

B. 任何一个可逆矩阵经过初等行变换都可以变为单位矩阵;

C. 阶梯形矩阵的秩等于其非零行的行数;

D. 矩阵转置后秩会改变.

二、填空

1. 已知矩阵 $\begin{pmatrix}2&1&-1&1\\0&0&1&2\\0&0&-2&x\end{pmatrix}$ 的秩为 3,则 x 必须满足________.

2. 已知矩阵 $\begin{pmatrix}1&0&-1&1\\0&2&1&x\\0&-2&-1&y\end{pmatrix}$ 的秩为 2,则 x 与 y 必须满足________.

三、计算解答

1. 求下列矩阵的秩:

(1) $\mathbf{A}=\begin{pmatrix}1&-1&2&-1\\3&1&0&2\\1&3&-4&4\end{pmatrix}$; (2) $\mathbf{B}=\begin{pmatrix}1&1&2&2&1\\0&2&1&5&-1\\2&0&3&-1&3\\1&1&0&4&-1\end{pmatrix}$.

2. 已知矩阵 $\mathbf{A}=\begin{pmatrix}1&2&-1&0&3\\0&-5&2&1&-7\\2&-1&x&1&-1\\3&1&-1&1&y\end{pmatrix}$ 的秩为 2,求 x 与 y 的值.

1.5 线性方程组

1.5.1 线性方程组的概念

含有 m 个一次方程、n 个未知数 $x_1,x_2,\cdots,x_n$ 的如下方程组

$$\begin{cases} a_{11}x_1 + a_{12}x_2 + \cdots + a_{1n}x_n = b_1 \\ a_{21}x_1 + a_{22}x_2 + \cdots + a_{2n}x_n = b_2 \\ \cdots\cdots\cdots\cdots \\ a_{m1}x_1 + a_{m2}x_2 + \cdots + a_{mn}x_n = b_m \end{cases} \tag{1-2}$$

称为线性方程组. 其系数构成如下 $m \times n$ 矩阵

$$\boldsymbol{A} = \begin{pmatrix} a_{11} & a_{12} & \cdots & a_{1n} \\ a_{21} & a_{22} & \cdots & a_{2n} \\ \vdots & \vdots & & \vdots \\ a_{m1} & a_{m2} & \cdots & a_{mn} \end{pmatrix},$$

称为线性方程组(1-2)的**系数矩阵**,若记 $\boldsymbol{x} = \begin{pmatrix} x_1 \\ x_2 \\ \vdots \\ x_n \end{pmatrix}$, $\boldsymbol{b} = \begin{pmatrix} b_1 \\ b_2 \\ \vdots \\ b_m \end{pmatrix}$,则根据矩阵的乘法运算,线性方程组(1-2)可简单表示为矩阵方程的形式,即

$$\boldsymbol{Ax} = \boldsymbol{b}.$$

将线性方程(1-2)的系数矩阵 $\boldsymbol{A}$ 与列矩阵 $\boldsymbol{b}$ 组合起来构成的矩阵 $(\boldsymbol{A},\boldsymbol{b})$,即

$$(\boldsymbol{A},\boldsymbol{b}) = \begin{pmatrix} a_{11} & a_{12} & \cdots & a_{1n} & b_1 \\ a_{21} & a_{22} & \cdots & a_{2n} & b_2 \\ \vdots & \vdots & & \vdots & \vdots \\ a_{m1} & a_{m2} & \cdots & a_{mn} & b_m \end{pmatrix},$$

称为线性方程(1-2)的**增广矩阵**.

当方程组(1-2)右端的常数项 $b_1, b_2, \cdots, b_m$ 不全为零时,线性方程组(1-2)称为**非齐次线性方程组**,当 $b_1, b_2, \cdots, b_m$ 全为零时,线性方程组(1-2)称为**齐次线性方程组**,即方程组

$$\begin{cases} a_{11}x_1 + a_{12}x_2 + \cdots + a_{1n}x_n = 0 \\ a_{21}x_1 + a_{22}x_2 + \cdots + a_{2n}x_n = 0 \\ \cdots\cdots\cdots\cdots \\ a_{m1}x_1 + a_{m2}x_2 + \cdots + a_{mn}x_n = 0 \end{cases} \tag{1-3}$$

称为齐次线性方程组.

同理,齐次线性方程组(1-3)可简单表示为矩阵方程的形式,即

$$\boldsymbol{Ax} = \boldsymbol{0}.$$

1.5.2 克莱姆法则

下面介绍一种特殊线性方程组的解法,即含有 n 个方程、n 个未知数 $x_1, x_2, \cdots, x_n$ 的

方程组

$$\begin{cases} a_{11}x_1 + a_{12}x_2 + \cdots + a_{1n}x_n = b_1 \\ a_{21}x_1 + a_{22}x_2 + \cdots + a_{2n}x_n = b_2 \\ \cdots\cdots\cdots\cdots \\ a_{n1}x_1 + a_{n2}x_2 + \cdots + a_{nn}x_n = b_n \end{cases}, \tag{1-4}$$

其解有如下定理.

定理 1.5.1(克莱姆法则) 如果线性方程组(1-4)的系数行列式 $|\boldsymbol{A}| \neq 0$,那么线性方程组(1-4)有唯一解,其解为

$$x_1 = \frac{|\boldsymbol{A}_1|}{|\boldsymbol{A}|}, x_2 = \frac{|\boldsymbol{A}_2|}{|\boldsymbol{A}|}, \cdots, x_n = \frac{|\boldsymbol{A}_n|}{|\boldsymbol{A}|}.$$

其中 $|\boldsymbol{A}_j|$ ($j = 1,2,\cdots,n$)是把系数行列式 $|\boldsymbol{A}|$ 中第 j 列用方程组的常数列 b_1, b_2,…,b_n 代替后得到的 n 阶行列式.

定理证明略.

克莱姆法则所给出的求解线性方程组的方法,实际上就是本章第一节中已经介绍过的用行列式求解二元一次方程组方法的推广.

例 1.5.1 解线性方程组 $\begin{cases} 2x_1 - x_2 + x_3 = -1 \\ 3x_1 + 2x_2 + 5x_3 = 2 \\ x_1 + 3x_2 - 2x_3 = 9 \end{cases}$.

解 因为

$$|\boldsymbol{A}| = \begin{vmatrix} 2 & -1 & 1 \\ 3 & 2 & 5 \\ 1 & 3 & -2 \end{vmatrix} \xlongequal[c_3 + c_2]{c_1 + 2c_2} \begin{vmatrix} 0 & -1 & 0 \\ 7 & 2 & 7 \\ 7 & 3 & 1 \end{vmatrix} = (-1) \times (-1)^{1+2} \begin{vmatrix} 7 & 7 \\ 7 & 1 \end{vmatrix} = -42,$$

同理,有

$$|\boldsymbol{A}_1| = \begin{vmatrix} -1 & -1 & 1 \\ 2 & 2 & 5 \\ 9 & 3 & -2 \end{vmatrix} = -42, \quad |\boldsymbol{A}_2| = \begin{vmatrix} 2 & -1 & 1 \\ 3 & 2 & 5 \\ 1 & 9 & -2 \end{vmatrix} = -84,$$

$$|\boldsymbol{A}_3| = \begin{vmatrix} 2 & -1 & -1 \\ 3 & 2 & 2 \\ 1 & 3 & 9 \end{vmatrix} = 42,$$

所以方程组的解为

$$x_1 = \frac{|\boldsymbol{A}_1|}{|\boldsymbol{A}|} = \frac{-42}{-42} = 1; \ x_2 = \frac{|\boldsymbol{A}_2|}{|\boldsymbol{A}|} = \frac{-84}{-42} = 2; \ x_3 = \frac{|\boldsymbol{A}_3|}{|\boldsymbol{A}|} = \frac{42}{-42} = -1.$$

该例题也可以这样求解:由 $\boldsymbol{A}\boldsymbol{x} = \boldsymbol{b}$ 得, $\boldsymbol{x} = \boldsymbol{A}^{-1}\boldsymbol{b}$,因此可利用矩阵的初等变换求出 $\boldsymbol{A}$ 的逆矩阵 $\boldsymbol{A}^{-1}$ 后,再与列矩阵 $\boldsymbol{b}$ 作乘积,即可得方程组的解. 具体过程略,读者可自己动笔计算.

克莱姆法则除了用来解方程组以外,其在帮助判别方程组的解的个数上也很有价值,简要叙述如下:

(1) 如果线性方程组(1-4)的系数行列式 $|\mathbf{A}| \neq 0$,则其有唯一解.

(2) 如果线性方程组(1-4)无解或有两个以上的解,则其系数行列式 $|\mathbf{A}| = 0$.

对于齐次线性方程组

$$\begin{cases} a_{11}x_1 + a_{12}x_2 + \cdots + a_{1n}x_n = 0 \\ a_{21}x_1 + a_{22}x_2 + \cdots + a_{2n}x_n = 0 \\ \cdots\cdots\cdots\cdots \\ a_{n1}x_1 + a_{n2}x_2 + \cdots + a_{nn}x_n = 0 \end{cases}, \tag{1-5}$$

显然 $x_1 = 0, x_2 = 0, \cdots, x_n = 0$ 一定是齐次线性方程组(1-5)的解,这种解称为齐次线性方程组的零解,相应的,如果解是一组不全为零的数,则称其为齐次线性方程组的非零解. 根据克莱姆法则,于是有:

(3) 如果齐次线性方程组(1-5)的系数行列式 $|\mathbf{A}| \neq 0$,则其没有非零解.

(4) 如果齐次线性方程组(1-5)有非零解,则其系数行列式 $|\mathbf{A}| = 0$.

例 1.5.2 当 k 取何值时,齐次线性方程组 $\begin{cases} kx_1 + x_2 + x_3 = 0 \\ x_1 + kx_2 + x_3 = 0 \\ x_1 + x_2 + kx_3 = 0 \end{cases}$ 有非零解.

解 因为

$$|\mathbf{A}| = \begin{vmatrix} k & 1 & 1 \\ 1 & k & 1 \\ 1 & 1 & k \end{vmatrix} \xlongequal{r_1+r_2+r_3} \begin{vmatrix} k+2 & k+2 & k+2 \\ 1 & k & 1 \\ 1 & 1 & k \end{vmatrix} = (k+2)\begin{vmatrix} 1 & 1 & 1 \\ 1 & k & 1 \\ 1 & 1 & k \end{vmatrix}$$

$$\xlongequal[r_3-r_1]{r_2-r_1} (k+2)\begin{vmatrix} 1 & 1 & 1 \\ 0 & k-1 & 0 \\ 0 & 0 & k-1 \end{vmatrix} = (k+2)(k-1)^2,$$

只有当 $|\mathbf{A}| = 0$ 时,齐次线性方程组才有非零解,所以令 $(k+2)(k-1)^2 = 0$,解得 $k = -2$ 或 $k = 1$,此时,该方程组有非零解.

1.5.3 线性方程组的求解

克莱姆法则只给出了含有 n 个方程、n 个未知数的特殊线性方程组的求解方法,对于一般的线性方程组,即含有 m 个方程,n 个未知数的线性方程组 $\mathbf{Ax} = \mathbf{b}$ 又如何求解呢?

首先介绍如下线性方程组解的判定定理:

定理 1.5.2 线性方程组 $\mathbf{Ax} = \mathbf{b}$ 有解的充分必要条件是 $rank(\mathbf{A}) = rank(\mathbf{A}, \mathbf{b})$;$n$ 元齐次线性方程组 $\mathbf{Ax} = \mathbf{0}$ 有非零解的充分必要条件是 $rank(\mathbf{A}) < n$.

定理证明略.

例 1.5.3 判断下列线性方程组是否有解:

(1) $\begin{cases} x_1 - x_2 + 3x_3 = 8 \\ 4x_1 - 3x_2 + 2x_3 = 11 \\ 3x_1 + 2x_2 - x_3 = -1 \end{cases}$; (2) $\begin{cases} 2x_1 + x_2 + 3x_3 = 6 \\ 3x_1 + 2x_2 + x_3 = 1 \\ 5x_1 + 3x_2 + 4x_3 = 13 \end{cases}$.

解 （1）对增广矩阵 $(\boldsymbol{A},\boldsymbol{b})$ 施行初等行变换

$$(\boldsymbol{A},\boldsymbol{b})=\begin{pmatrix}1&-1&3&8\\4&-3&2&11\\3&2&-1&-1\end{pmatrix}\overset{\substack{r_2-4r_1\\r_3-3r_1}}{\sim}\begin{pmatrix}1&-1&3&8\\0&1&-10&-21\\0&5&-10&-25\end{pmatrix}$$

$$\overset{r_3-5r_2}{\sim}\begin{pmatrix}1&-1&3&8\\0&1&-10&-21\\0&0&40&80\end{pmatrix},$$

因为 $rank(\boldsymbol{A})=3, rank(\boldsymbol{A},\boldsymbol{b})=3$，所以方程组有解.

（2）对增广矩阵 $(\boldsymbol{A},\boldsymbol{b})$ 施行初等行变换

$$(\boldsymbol{A},\boldsymbol{b})=\begin{pmatrix}2&1&3&6\\3&2&1&1\\5&3&4&13\end{pmatrix}\overset{r_1-r_2}{\sim}\begin{pmatrix}-1&-1&2&5\\3&2&1&1\\5&3&4&13\end{pmatrix}\overset{\substack{r_2+3r_1\\r_3+5r_1}}{\sim}\begin{pmatrix}-1&-1&2&5\\0&-1&7&16\\0&-2&14&38\end{pmatrix}$$

$$\overset{r_3-2r_2}{\sim}\begin{pmatrix}-1&-1&2&5\\0&-1&7&16\\0&0&0&6\end{pmatrix},$$

因为 $rank(\boldsymbol{A})=2, rank(\boldsymbol{A},\boldsymbol{b})=3$，所以方程组无解.

线性方程组解的判定定理只是给出方程组有无解的判定方法，并没有给出线性方程组的具体解法，下面我们通过几个例题详细介绍线性方程组的解法.

例 1.5.4 求解非齐次线性方程组 $\begin{cases}x_1-2x_2+3x_3-x_4=1\\3x_1-x_2+5x_3-3x_4=2\\2x_1+x_2+2x_3-2x_4=3\end{cases}$.

解 对增广矩阵 $(\boldsymbol{A},\boldsymbol{b})$ 施行初等行变换

$$(\boldsymbol{A},\boldsymbol{b})=\begin{pmatrix}1&-2&3&-1&1\\3&-1&5&-3&2\\2&1&2&-2&3\end{pmatrix}\overset{\substack{r_2-3r_1\\r_3-2r_1}}{\sim}\begin{pmatrix}1&-2&3&-1&1\\0&5&-4&0&-1\\0&5&-4&0&1\end{pmatrix}$$

$$\overset{r_3-r_2}{\sim}\begin{pmatrix}1&-2&3&-1&1\\0&5&-4&0&-1\\0&0&0&0&2\end{pmatrix},$$

因为 $rank(\boldsymbol{A})=2, rank(\boldsymbol{A},\boldsymbol{b})=3$，所以方程组无解.

例 1.5.5 求解非齐次线性方程组 $\begin{cases}x_1+x_2-3x_3-x_4=1\\3x_1-x_2-3x_3+4x_4=4\\x_1+5x_2-9x_3-8x_4=0\end{cases}$.

解 对增广矩阵 $(\boldsymbol{A},\boldsymbol{b})$ 施行初等行变换

$$(\boldsymbol{A},\boldsymbol{b})=\begin{pmatrix}1&1&-3&-1&1\\3&-1&-3&4&4\\1&5&-9&-8&0\end{pmatrix}\overset{\substack{r_2-3r_1\\r_3-r_1}}{\sim}\begin{pmatrix}1&1&-3&-1&1\\0&-4&6&7&1\\0&4&-6&-7&-1\end{pmatrix}$$

$$\overset{\substack{r_3+r_2 \\ r_2\div(-4)}}{\sim}\begin{pmatrix}1 & 1 & -3 & -1 & 1 \\ 0 & 1 & -\frac{3}{2} & -\frac{7}{4} & -\frac{1}{4} \\ 0 & 0 & 0 & 0 & 0\end{pmatrix}\overset{r_1-r_2}{\sim}\begin{pmatrix}1 & 0 & -\frac{3}{2} & \frac{3}{4} & \frac{5}{4} \\ 0 & 1 & -\frac{3}{2} & -\frac{7}{4} & -\frac{1}{4} \\ 0 & 0 & 0 & 0 & 0\end{pmatrix},$$

写出上述最后一个矩阵对应的方程组，即得与原方程组同解的方程组

$$\begin{cases}x_1-\frac{3}{2}x_3+\frac{3}{4}x_4=\frac{5}{4} \\ x_2-\frac{3}{2}x_3-\frac{7}{4}x_4=-\frac{1}{4}\end{cases},$$

由此即得

$$\begin{cases}x_1=\frac{3}{2}x_3-\frac{3}{4}x_4+\frac{5}{4} \\ x_2=\frac{3}{2}x_3+\frac{7}{4}x_4-\frac{1}{4}\end{cases}\quad(x_3,x_4\text{ 可任意取值}).$$

通常将方程组的解写成如下形式(令 $x_3=c_1, x_4=c_2$)

$$\begin{cases}x_1=\frac{3}{2}c_1-\frac{3}{4}c_2+\frac{5}{4} \\ x_2=\frac{3}{2}c_1+\frac{7}{4}c_2-\frac{1}{4} \\ x_3=c_1 \\ x_4=c_2\end{cases}\quad(c_1,c_2\text{ 为任意实数}).$$

例 1.5.6 求解齐次线性方程组 $\begin{cases}x_1+2x_2+2x_3+x_4=0 \\ 2x_1+x_2-2x_3-2x_4=0 \\ x_1-x_2-4x_3-3x_4=0\end{cases}$.

解 对系数矩阵 $\boldsymbol{A}$ 施行初等行变换

$$\boldsymbol{A}=\begin{pmatrix}1 & 2 & 2 & 1 \\ 2 & 1 & -2 & -2 \\ 1 & -1 & -4 & -3\end{pmatrix}\overset{\substack{r_2-2r_1 \\ r_3-r_1}}{\sim}\begin{pmatrix}1 & 2 & 2 & 1 \\ 0 & -3 & -6 & -4 \\ 0 & -3 & -6 & -4\end{pmatrix}\overset{\substack{r_3-r_2 \\ r_2\div(-3)}}{\sim}\begin{pmatrix}1 & 2 & 2 & 1 \\ 0 & 1 & 2 & \frac{4}{3} \\ 0 & 0 & 0 & 0\end{pmatrix}$$

$$\overset{r_1-2r_2}{\sim}\begin{pmatrix}1 & 0 & -2 & -\frac{5}{3} \\ 0 & 1 & 2 & \frac{4}{3} \\ 0 & 0 & 0 & 0\end{pmatrix},$$

即得与原方程组同解的方程组

$$\begin{cases}x_1-2x_3-\frac{5}{3}x_4=0 \\ x_2+2x_3+\frac{4}{3}x_4=0\end{cases},$$

所以方程组的解为(令 $x_3=c_1, x_4=c_2$)

$$\begin{cases} x_1=2c_1+\frac{5}{3}c_2 \\ x_2=-2c_1-\frac{4}{3}c_2 \\ x_3=c_1 \\ x_4=c_2 \end{cases} \quad (c_1, c_2 \text{ 为任意实数}).$$

例 1.5.7 某次突袭作战行动要达到毁伤敌人一定量的人员、装甲车辆、防御工事的目的,现计划投入三种兵种协同作战,他们的数量用适当的单位计量,这些兵种的毁伤力及作战行动需要的总毁伤力见表 1-3.问需各种兵种的数量各是多少?

表 1-3

毁伤目标	单位兵种能提供的毁伤力			需要的毁伤总量
	步兵	炮兵(火炮)	装甲兵(坦克)	
人员	0.5	0.1	2	73
装甲车辆	0.1	0.2	0.5	17
防御工事	0.2	2	1	50

解 设需步兵的数量为 x_1,炮兵(火炮)的数量为 x_2,装甲兵(坦克)的数量为 x_3,则可得线性方程组

$$\begin{cases} 0.5x_1+0.1x_2+2x_3=73 \\ 0.1x_1+0.2x_2+0.5x_3=17 \\ 0.2x_1+2x_2+x_3=50 \end{cases}.$$

对增广矩阵 $(\boldsymbol{A}, \boldsymbol{b})$ 施行初等行变换

$$(\boldsymbol{A}, \boldsymbol{b})=\begin{pmatrix} 0.5 & 0.1 & 2 & 73 \\ 0.1 & 0.2 & 0.5 & 17 \\ 0.2 & 2 & 1 & 50 \end{pmatrix} \underset{r_1 \leftrightarrow r_2}{\overset{\substack{10r_1 \\ 10r_2 \\ 5r_3}}{\sim}} \begin{pmatrix} 1 & 2 & 5 & 170 \\ 5 & 1 & 20 & 730 \\ 1 & 10 & 5 & 250 \end{pmatrix}$$

$$\overset{\substack{r_2-5r_1 \\ r_3-r_1}}{\sim} \begin{pmatrix} 1 & 2 & 5 & 170 \\ 0 & -9 & -5 & -120 \\ 0 & 8 & 0 & 80 \end{pmatrix} \overset{\substack{r_2 \leftrightarrow r_3 \\ r_2 \div 8}}{\sim} \begin{pmatrix} 1 & 2 & 5 & 170 \\ 0 & 1 & 0 & 10 \\ 0 & -9 & -5 & -120 \end{pmatrix}$$

$$\overset{\substack{r_1-2r_2 \\ r_3+9r_2}}{\sim} \begin{pmatrix} 1 & 0 & 5 & 150 \\ 0 & 1 & 0 & 10 \\ 0 & 0 & -5 & -30 \end{pmatrix} \overset{\substack{r_1+r_3 \\ r_3 \div (-5)}}{\sim} \begin{pmatrix} 1 & 0 & 0 & 120 \\ 0 & 1 & 0 & 10 \\ 0 & 0 & 1 & 6 \end{pmatrix},$$

即得 $x_1=120, x_2=10, x_3=6$.

练习与作业 1-5

一、选择

1. 如果 $\boldsymbol{Ax}=\boldsymbol{b}$ 的系数行列式 $|\boldsymbol{A}|\neq 0$，则方程解的情况为 （　　）

A. 方程有唯一解；　　B. 方程无解；

C. 不能确定；　　D. 有两个以上解.

2. 对于线性方程组 $\boldsymbol{Ax}=\boldsymbol{b}$，若 $rank(\boldsymbol{A})=rank(\boldsymbol{A},\boldsymbol{b})$，则方程解的情况为 （　　）

A. 方程有唯一解；　　B. 方程无解；

C. 方程有解；　　D. 有两个以上解.

3. 线性方程组 $\begin{cases}2x_1+x_2+x_3=1\\4x_1-3x_2+x_3=5\\2x_1+4x_2-3x_3=6\end{cases}$ 的系数矩阵和增广矩阵的秩分别为 （　　）

A. 3,2；　　B. 2,3；　　C. 3,3；　　D. 2,2.

4. 线性方程组 $\begin{cases}x_1+x_2-2x_3=-1\\2x_1+3x_2-5x_3=-4\\x_1+3x_2-4x_3=-5\end{cases}$ 的系数矩阵和增广矩阵的秩分别为 （　　）

A. 1,2；　　B. 2,3；　　C. 3,3；　　D. 2,2.

二、填空

1. 线性方程组 $\boldsymbol{Ax}=\boldsymbol{b}$ 有解的充分必要条件是________.

2. n 元齐次线性方程组 $\boldsymbol{Ax}=\boldsymbol{0}$ 有非零解的充分必要条件是________.

3. n 元齐次线性方程组 $\boldsymbol{Ax}=\boldsymbol{0}$ 的系数行列式不为零，则其解为________.

4. 若方程组 $\begin{cases}kx_1+x_2-x_3=0\\x_1-x_2+x_3=0\\x_1+x_2+kx_3=0\end{cases}$ 有非零解，则 k 的取值为________.

5. 若方程组 $\begin{cases}kx_1+x_2+x_3=0\\x_1+2x_2+x_3=0\\x_1+x_2+kx_3=0\end{cases}$ 有非零解，则 k 的取值为________.

6. 若方程组 $\begin{cases}x_1+x_2+x_3=0\\x_1+2x_2+3x_3=0\\x_1+3x_2+kx_3=0\end{cases}$ 只有零解，则 k 的取值为________.

7. 若方程组 $\begin{cases}x_1+x_2+x_3=0\\x_1+2x_2+3x_3=0\\2x_1+kx_2+4x_3=0\end{cases}$ 只有零解，则 k 的取值为________.

三、计算解答

1. 利用克莱姆法则解方程组

(1) $\begin{cases}x_1-2x_2+x_3=1\\4x_1-3x_2+x_3=3\\2x_1-5x_2-3x_3=-9\end{cases}$；

(2) $\begin{cases}x_1-x_2+x_3-x_4=2\\2x_1-x_2+2x_4=6\\3x_1+2x_2+x_3=-1\\-x_1+x_2-x_3-x_4=-4\end{cases}$.

2. 设有方程组 $\begin{cases} x_1+x_2+2x_3=4 \\ 2x_1+3x_2+6x_3=11 \\ x_1+2x_2+ax_3=b \end{cases}$，问 a，b 各取何值时，方程组：

(1) 有解；　　(2) 无解.

3. 求解下列线性方程组：

(1) $\begin{cases} x_1+x_2-3x_3=1 \\ x_1-x_2+x_3+2x_4=1 \\ x_1-2x_2+3x_3+3x_4=1 \end{cases}$；

(2) $\begin{cases} x_1+2x_2+4x_3=0 \\ 2x_1-x_2+3x_3=0 \\ 3x_1+2x_2-x_3=0 \end{cases}$；

(3) $\begin{cases} 2x_1+x_2+3x_3=6 \\ 3x_1+2x_2+x_3=1 \\ 5x_1+3x_2+4x_3=13 \end{cases}$；

(4) $\begin{cases} x_1-x_2+3x_3=8 \\ 3x_1+2x_2-x_3=-1 \\ 4x_1-3x_2+2x_3=11 \end{cases}$.

课后品读：对《九章算术》中线性方程组解法的分析

在《九章算术》的“方程”章中，介绍了18道关于线性方程组的题的求解，其中关于二元一次方程组的有8题，三元的6题，四元、五元的各2题，都采用的是直除法求解. 该算法是我国古代求解线性方程组的基本方法，理论上和现在的加减消元法基本一致. 下面我们以《九章算术》“方程”章中的第1题为例，详细介绍其求解方法，从中体会我们老祖宗的智慧.

原文：

今有上禾三秉，中禾二秉，下禾一秉，实三十九斗；上禾二秉，中禾三秉，下禾一秉，实三十四斗；上禾一秉，中禾二秉，下禾三秉，实二十六斗. 问上、中、下禾实一秉几何？

答曰：上禾一秉，九斗四分斗之一. 中禾一秉，四斗四分斗之一. 下禾一秉，二斗四分斗之三.

方程术曰：置上禾三秉，中禾二秉，下禾一秉，实三十九斗，于右方. 中、左禾列如右方. 以右行上禾遍乘中行，而以直除. 又乘其次，亦以直除. 然以中行中禾不尽者遍乘左行，而以直除. 左方下禾不尽者，上为法，下为实. 实即下禾之实. 求中禾，以法乘中行下实，而除下禾之实. 余，如中禾秉数而一，即中禾之实. 求上禾，亦以法乘右行下实，而除下禾、中禾之实. 余如上禾秉数而一，即上禾之实. 实皆如法，各得一斗.

译文：

现有上等禾3捆，中等禾2捆，下等禾1捆，共有粮食39斗；上等禾2捆，中等禾3捆，下等禾1捆，共有粮食34斗；上等禾1捆，中等禾2捆，下等禾3捆，共有粮食26斗. 问上、中、下等禾每捆有多少粮食？

答：上等禾每捆有 $9\frac{1}{4}$ 斗粮食，中等禾每捆有 $4\frac{1}{4}$ 斗粮食，下等禾每捆有 $2\frac{3}{4}$ 斗粮食.

方程求解方法：列出上等禾3捆、中等禾2捆，下等禾1捆，实39斗，放在右行. 按照上述方法，分别列出各数字，列在中行、左行. 用右行的上等禾捆数乘各中行数，再依次减去右行相应数，直到首项为0. 再用右行的上等禾捆数乘左行数，再依次减去右行相应数，直到首项为0. 然后再用中行未减尽的中等禾捆数，乘左行各数，依次减去中行相应数，直到左行中位为0. 左行未减尽的下等禾，上面的捆数作为除数，下面的实数作为被除数. 得数为下等禾的实数. 求中等禾每捆的实数，用上面的除数乘中行下面的实数，减下等禾的实数，再除以中行未减尽的数. 余数除以中等禾的捆数，得数为中等禾的实数. 求上等禾每捆的实数，用除数乘右行下面的实数，减下等、中等禾的实数，余数除以上等禾的捆数，得数为上等禾的实数. 各数分别除以除数，为每等禾一捆的实数.

尽管有了译文，方程求解过程仍然很抽象，下面具体解释. 首先说明一下，古人是用算筹进行演算的，为便于读者阅读，我们将算筹中相应的筹码改用阿拉伯数字代替.

方程求解方法可分为两部分.

第一部分："置上禾三秉，中禾二秉，下禾一秉，实三十九斗，于右方. 中、左禾列如右方."说的是"方程"的列法，即根据问题列出方程. 相应的算筹图为

左行	中行	右行	
1	2	3	上禾
2	3	2	中禾
3	1	1	下禾
26	34	39	实

若用现代数学符号表示就是：设上、中、下禾每捆的粮食斗数为 x,y,z，则

$$\begin{cases}3x+2y+z=39\\2x+3y+z=34\\x+2y+3z=26\end{cases}.$$

上面的线性方程组，其增广矩阵为：

$$\begin{pmatrix}3&2&1&39\\2&3&1&34\\1&2&3&26\end{pmatrix}.$$

对比古代的筹算图与现代数学中的增广矩阵：

左行	中行	右行	
1	2	3	上禾
2	3	2	中禾
3	1	1	下禾
26	34	39	实

$\xleftrightarrow{\text{对比}}$

$$\begin{pmatrix}3&2&1&39\\2&3&1&34\\1&2&3&26\end{pmatrix}$$

可以看出二者实质上是一致的，只不过我国古代行、列的说法与现代数学中的称呼正好交换位置而已.

第二部分："以右行上禾遍乘中行，而以直除……实皆如法，各得一斗."说的是"方程"的解法. 该题给出的"方程"术是最早的"方程"解法，它所采用的是"遍乘直除"的方法. 所谓"直除"是指从"方程"的一行累减另一行的意思. 为使读者明了"方程"术的演算过程，按照术文所述，对"方程"施行"遍乘""直除"的变换，列出演算过程如下：

左行	中行	右行	
1	2	3	上禾
2	3	2	中禾
3	1	1	下禾
26	34	39	实

遍乘 → 右行上禾 3 遍乘中行

左行	中行	右行	
1	6	3	上禾
2	9	2	中禾
3	3	1	下禾
26	102	39	实

直除 → 中行累减右行 2 次

左行	中行	右行	
1	0	3	上禾
2	5	2	中禾
3	1	1	下禾
26	24	39	实

遍乘 → 右行上禾 3 遍乘左行

左行	中行	右行	
3	0	3	上禾
6	5	2	中禾
9	1	1	下禾
78	24	39	实

直除 → 左行减右行 1 次

左行	中行	右行	
0	0	3	上禾
4	5	2	中禾
8	1	1	下禾
39	24	39	实

遍乘 → 中行中禾 5 遍乘左行

左行	中行	右行	
0	0	3	上禾
20	5	2	中禾
40	1	1	下禾
195	24	39	实

直除 → 左行减中行 4 次

左行	中行	右行	
0	0	3	上禾
0	5	2	中禾
36	1	1	下禾
99	24	39	实

遍约 → 左行以 9 约之

左行	中行	右行	
0	0	3	上禾
0	5	2	中禾
4	1	1	下禾
11	24	39	实

遍乘 → 左行下禾 4 遍乘中行

左行	中行	右行	
0	0	3	上禾
0	20	2	中禾
4	4	1	下禾
11	96	39	实

直除 → 左行减中行 1 次

左行	中行	右行	
0	0	3	上禾
0	20	2	中禾
4	0	1	下禾
11	85	39	实

遍约 → 中行以 5 约之

左行	中行	右行	
0	0	3	上禾
0	4	2	中禾
4	0	1	下禾
11	17	39	实

遍乘 → 左行下禾 4 遍乘右行

左行	中行	右行	
0	0	12	上禾
0	4	8	中禾
4	0	4	下禾
11	17	156	实

直除 → 右行减左行 1 次

左行	中行	右行	
0	0	12	上禾
0	4	8	中禾
4	0	0	下禾
11	17	145	实

直除 → 右行减中行 2 次

左行	中行	右行	
0	0	12	上禾
0	4	0	中禾
4	0	0	下禾
11	17	111	实

遍约 → 右行以3约之

左行	中行	右行	
0	0	4	上禾
0	4	0	中禾
4	0	0	下禾
11	17	37	实

由此，得

上等禾的粮食为 37 斗，捆数为 4，一捆的斗数为：$37 \div 4 = 9\frac{1}{4}$ 斗；

中等禾的粮食为 17 斗，捆数为 4，一捆的斗数为：$17 \div 4 = 4\frac{1}{4}$ 斗；

下等禾的粮食为 11 斗，捆数为 4，一捆的斗数为：$11 \div 4 = 2\frac{3}{4}$ 斗.

从上面“方程”术的演算过程看出，“方程”术对“方程”主要施行的是“遍乘”“直除”的变换，“方程”的解法具有程序化、机械化的特点，人们按照这套算法程序，即可有条不紊地求解“方程”. 当然这只是“方程”术中最早的“方程”解法，事实上，《九章算术》“方程”章中对于其他题还有改进的解法，由于篇幅受限，在此就不再予以介绍.

总之，中国古代的“方程”术与现代的线性方程组解法十分接近，它十分相似于现在对矩阵进行初等变换. 西方采用矩阵已经是近代的事了，而我国早在公元前一世纪就采用了这样解“方程”的方法，的确是很了不起的.

第 2 章

概率论简介

课前导读一：学习概率知识，认清赌博危害，远离赌博恶习！

赌博是一种将有价值的东西做注码来赌输赢的行为，是人类的一种娱乐方式. 我国《中华人民共和国刑法》第三百零三条规定：以营利为目的，聚众赌博或者以赌博为业的，处三年以下有期徒刑、拘役或管制，并处罚金. 可见，赌博行为一旦以营利为目的，这就超出了消遣娱乐的范畴，必将触犯刑法，被定赌博罪.

赌博行为有很多危害. 清代《小五义》一书中就归纳了赌博的十大害处：一坏国法，二坏家规，三坏人品，四坏行业，五坏行止，六坏心术，七坏信义，八坏友谊，九坏家声，十坏身命. 作为一名军人，我们要认清赌博危害、破除认识误区、强化法纪观念、培养健康情趣，防微杜渐，远离赌博恶习.

俗话说："十赌九输，久赌必输. 这句话是有其数学道理的 ."从数学的角度来看，赌博问题是一个随机问题，因其结果无法预知，所以输赢难料. 有些赌博，因庄家在赌具上做了手脚，结果永远有利于庄家，对参赌的人来说，必然是"十赌九输"，即使偶尔赢一次也可能是庄家故意为之，所谓"放长线钓大鱼"，先让参赌的人尝点甜头，再让他们连本带利输个精光，甚至倾家荡产. 有些赌博，即便庄家不在赌具上做手脚，但简单分析输赢规则背后的概率原理，就会发现赌博的结果永远有利于庄家，对参赌的人来说，必然是"久赌必输". 有些赌博，即便是在公平的条件下进行，即输赢的概率是相同的，但各种"抽水"和"返点"(指庄家从中抽取一部分利益)的机制也会使参赌者最终成为输家. 别看这种"抽水"的比例不高，但大数量赌局积累之后，也是一笔不小的数目. 就像扔硬币一样，只有无数次投掷后正面和反面出现的次数才会趋于相等，也就是说，随着赌局数量增加，双方胜率会趋向于相等，但庄家每一局都对参赌者"抽水"，最后使得参赌者的本金被庄家拿走大半，也就"久赌必输"了.

尤其近年来出现的利用互联网进行的网络赌博，其存在很多"套路"，参赌者更是十赌十输. 网络赌博具有操作便利、隐蔽性强、成本风险低和不受时空限制等特点，虽产生时间不长，但已成为当今传播蔓延最快、组织形式最多、涉赌资金最大的赌博方式，给社会治安、互联网发展等带来严重危害.

当前常见的网络赌博表现形式有微信红包赌局、网络游戏赌局、网络彩票赌局、购物平台赌博等，大家一定要认清其本质，远离这些网络赌博．比如，微信红包赌局就是犯罪分子利用人们好奇心强、妄想暴富的心理，利用微信群开设赌局．参加赌局的网友必须经群内好友推荐，并要求缴纳一定数额保证金才能参与游戏．游戏规则多种多样，最常见的是：群主发出一个红包，其他成员抢红包，抢到数额最大或最小的成员继续在群内发红包．每次发红包者要先把红包发给群主，群主扣除一定比例提成，而后再由专人负责将剩余金额的红包发在群内．群主利用提成设立“奖池”，通过定期发奖金的形式，吸引群内成员踊跃参与游戏．浙江台州警方就曾破获一起“微信代发红包”特大赌博案，涉及北京、上海、广东、河南、江苏、福建等十余省市，甚至还有国外城市，涉案人员300多人，涉及赌资1 000余万元，参赌人员一天输赢可达上万元．此外，还有赌大小、猜单双、猜数字、扫雷等赌局规则，这些赌局看似公平，实则都是群主利用人们的贪欲和投机心理设置的敛财手段．

总之，赌博是一种恶习，是国家法律明文规定的违法犯罪行为，贻害无穷，我们应当远离．

课前导读二：概率论预备知识

概率论是数学的一个分支，它是研究和揭示随机现象统计规律性的一门数学学科，目前广泛应用于科学技术、社会生产生活、国民经济等各个领域．本章简要介绍随机事件及概率、随机变量及概率分布、随机变量的数字特征等概率论的最基本知识．

本章学习需要用到排列与组合的知识，为此先做一个简要介绍．

乘法原理　完成一件事情，需要分 m 个步骤进行，其中第一个步骤有 n_1 种方法，第二个步骤有 n_2 种方法，……，第 m 个步骤有 n_m 种方法，则完成这件事情总共有

$$N = n_1 \times n_2 \times \cdots \times n_m$$

种方法．

例如，从北京经过天津到上海，若从北京到天津的路线有 A_1 和 A_2 两条，从天津到上海的路线有 B_1，B_2 和 B_3 三条．问从北京经天津到达上海的路线共有多少种？

这个问题就可以这样考虑：从北京到上海分两个步骤进行，第一个步骤是从北京到天津，路线有2条，所以从北京到天津的方法有2种；第二个步骤是从天津到上海，方法有3种．因为从北京到上海是分两个步骤进行的，所以总的方法数为每一步的方法数相乘，即从北京经过天津到上海共有 $N = 2 \times 3 = 6$ 种方法．

加法原理　完成一件事情，共有 m 类方式，其中第一类方式中有 n_1 种方法，第二类方式中有 n_2 种方法，……，第 m 类方式中有 n_m 种方法，并且任何一类方式中的任何一种方法都能完成这件事情，则完成这件事情总共有

$$N = n_1 + n_2 + \cdots + n_m$$

种方法．

例如，从北京到上海可乘坐三类交通工具，其中第一类是火车，有 A_1，A_2，A_3 三班次火车；第二类是飞机，有 B_1，B_2 两班次飞机；第三类是汽车，有 C_1，C_2，C_3，C_4 四班次汽车．问从北京到达上海的方法共有多少种？

这个问题就可以这样考虑：从北京到达上海的方式有三类：第一类是乘火车，第二类

是乘飞机,第三类是乘汽车. 每一类的任何一种方法都能到达上海,完成从北京到上海这件事情,其中乘火车的方法有3种,乘飞机的方法有2种,乘汽车的方法有4种,则从北京到上海共有 $N=3+2+4=9$ 种方法.

排列数 从 n 个不同的元素中任取其中 m 个元素排成有顺序的一列,所有这样排列的方法数称为排列数,简称排列,记作 P_n^m.

计算排列数 P_n^m 可以这样考虑:抽取这 m 个元素要分 m 个步骤进行,每一步只抽取其中一个元素. 抽取时注意两点,第一,已给的 n 个元素都不同,故每一种元素只有一个;第二,每一个元素抽取后都放在一排的某个位置上,抽取后不再放回. 因此,抽取第一个元素时有 n 个不同元素,故有 n 种方法,第二个元素在剩下的 $(n-1)$ 个元素中抽取,故有 $(n-1)$ 种方法,第三个元素在剩下的 $(n-2)$ 个元素中抽取,故有 $(n-2)$ 种方法……抽取第 m 个元素时前面已经抽取了 $(m-1)$ 个元素,故只剩下 $(n-m+1)$ 个元素,故只有 $(n-m+1)$ 种方法,由于是分 m 个步骤完成的,根据乘法原理,所有排列数为

$$P_n^m=n(n-1)(n-2)\cdots(n-m+1)=\frac{n!}{(n-m)!}.$$

当 $n=m$ 时,称排列为全排列.

实际计算中还常遇到不同元素可重复的排列. 若有 n 种元素,每一种元素可以重复抽取,则从这 n 种元素中抽取其中 m 个元素排成一排的方法总数为 n^m. 这是因为每一步骤抽取一个元素的方法都是 n 种,故 m 个步骤的方法总数为

$$\underbrace{n\times n\times\cdots\times n}_{m个}=n^m.$$

组合数 从 n 个不同的元素中任取其中 m 个元素组成一组,所有的方法数称为组合数,简称组合,记作 C_n^m.

组合数 C_n^m 的计算可以这样考虑:我们换一种计算排列数 P_n^m 的思路. 第一步,先取其中 m 个元素组成与顺序无关的一组,它的方法数为 C_n^m. 第二步,对每一个由 m 个元素组成的一组再进行全排列,方法数为 $m!$. 根据乘法原理有 $P_n^m=m!C_n^m$,由此得

$$C_n^m=\frac{P_n^m}{m!}=\frac{n!}{(n-m)!m!}.$$

组合数具有如下几个性质:

(1) $C_n^m=C_n^{n-m}$;(2) $C_n^m=C_{n-1}^m+C_{n-1}^{m-1}$;(3) $\sum_{k=0}^{n}C_n^k=2^n$.

2.1 随机事件及概率

自然界和人类社会中存在着许多现象,其中有一些现象,只要满足一定的条件,就必然会发生. 例如,在标准大气压下,纯水加热到100℃必然沸腾;向空中抛一枚硬币,硬币必然会下落. 这些现象有一个共同特点,即事前人们完全可以预言会发生什么结果. 我们称这类现象为**确定性现象**或**必然现象**.

还有另一类现象，例如，抛一枚硬币，硬币可能正面向上也有可能反面向上；一门大炮对目标进行远距离射击，可能击中也有可能击不中. 这些现象的一个共同特点是，在同样的条件下进行同样的观测或试验，有可能发生多种结果，事前人们不能预言将出现哪种结果，这类现象被称为**随机现象**或**偶然现象**.

某些随机现象的发生从表面上看完全是随机的、偶然的，没有什么规律可循，但事实上并非如此. 对一次或少数几次观测或试验而言，随机现象的结果确实是无法预料的，是不确定的. 但是，如果我们在相同的条件下进行多次重复的试验或大量的观测，就会发现，随机现象结果的出现具有一定的规律性. 例如，各个国家各个时期的人口统计资料显示，新生儿中男婴和女婴的比例大约总是 1∶1 . 又如，多次重复抛一枚硬币，发现正面向上与反面向上出现的次数接近相同. 我们称这种规律性为随机现象的**统计规律性**.

2.1.1 随机试验与随机事件

为了方便起见，我们把对某种自然现象进行的一次观测或所做的一次试验，统称为一个试验. 如果一个试验具有下列三个特性，就称这种试验为**随机试验**.

(1) 试验可以在相同条件下重复进行；

(2) 每次试验可能出现的结果不止一个，在试验前出现哪一种结果是无法预知的；

(3) 每次试验所有可能会出现的结果，试验前是知道的.

我们常用字母 E 来表示随机试验，一般把随机试验简称为**试验**.

下面是一些试验的例子.

E_1 :掷一颗骰子，观察所掷的点数；

E_2 :工商部门抽查市场上某些商品的质量，检查商品是否合格；

E_3 :观察某城市某个月内交通事故发生的次数；

E_4 :已知某物体的长度在 a 和 b 之间，测量其长度；

E_5 :对某只灯泡做试验，测试其使用寿命；

E_6 :对某只灯泡做试验，测试其使用寿命是否小于 200 小时.

试验的每一个可能的结果，称为一个**样本点**，记作 $\omega_1,\omega_2,\cdots$. 试验的全体样本点构成的集合，称为**样本空间**，记为 Ω.

例如，前面的 6 个试验 $E_1 \sim E_6$ 中，若以 Ω_i 表示试验 E_i 的样本空间，则

$\Omega_1=\{1,2,3,4,5,6\}$；

$\Omega_2=\{$合格，不合格$\}$；

$\Omega_3=\{0,1,2\cdots\}$；

$\Omega_4=\{l \mid a \leqslant l \leqslant b\}$；

$\Omega_5=\{t \mid t \geqslant 0\}$；

$\Omega_6=\{$寿命小于 200 小时，寿命不小于 200 小时$\}$.

我们把在一次试验中可能发生也可能不发生的事件叫作**随机事件**，简称**事件**，用大写字母 $A,B,C,\cdots$来表示. 在每次试验中一定会发生的事件，称为**必然事件**，用 Ω 来表示. 相反地，如果某事件一定不会发生，则称为**不可能事件**，用 $\varnothing$ 来表示. 必然事件与不可能事件没有“不确定性”，因而严格地说，它们已经不属于“随机”事件了. 但是，为了讨

论方便起见，我们还是把它们包含在随机事件中，作为特殊的随机事件来处理.

由一个样本点构成的单点集合称为**基本事件**. 显然，随机事件是若干个基本事件的集合，而必然事件是全部基本事件的集合.

例如，试验 E_1 中，$A=\{$出现 4 点$\}$，$B=\{$出现点数为偶数$\}$，$C=\{$出现点数不超过 4$\}$都是随机事件. 其中 A 是一个基本事件，而 B 和 C 则由多个基本事件组成.

2.1.2 事件的关系和运算

一个样本空间 Ω 中，可以有很多随机事件，人们通常需要研究这些事件间的关系和运算，以便通过简单事件的统计规律去探求复杂事件的统计规律.

在讨论事件的关系和运算时，我们总是假定它们是同一个随机试验的事件，即他们是同一个样本空间 Ω 的子集. 因为只有在这样的假定下，讨论它们之间的关系和运算才有意义.

1. 事件的包含

如果事件 A 的发生必然导致事件 B 的发生，则称事件 B 包含事件 A，或称事件 A 包含在事件 B 中，记作 $B \supset A$ 或 $A \subset B$. 借助维恩(Venn)图帮助直观理解，如图 2-1，其中长方形代表样本空间 Ω，圆 A、圆 B 代表事件 A、事件 B.

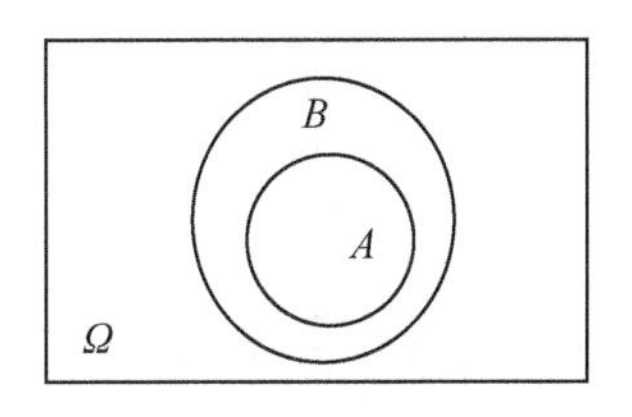

图 2-1

例如，抽查一批零件，设事件 $A=\{$至少有两件是不合格品$\}$，$B=\{$有四件不合格品$\}$，$C=\{$至少有三件是不合格品$\}$. 这三个事件中，由于事件 B 或事件 C 发生，都能导致事件 A 发生；事件 B 发生必导致事件 C 发生，因此有

$$A \supset C \supset B.$$

2. 事件的相等

如果事件 A 包含事件 B，而且事件 B 又包含事件 A，则称 A 与 B 相等，记为 $A=B$.

3. 事件的和

事件 A 与事件 B 中至少有一个发生的事件，称为事件 A 与事件 B 的和(或并)，记作 $A+B$ 或 $A \cup B$. 如图 2-2 中阴影部分.

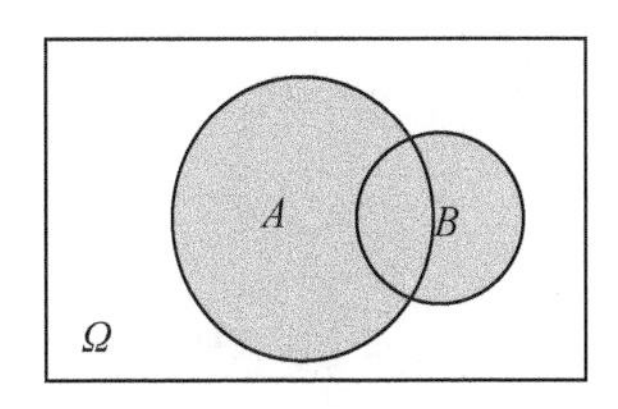

图 2-2

例如,在投掷一枚骰子的试验中,若事件 $A=\{$骰子出现的点数为偶数$\}$, $B=\{$骰子出现的点数小于 3$\}$,即 $A=\{2,4,6\}$, $B=\{1,2\}$,则 $A\cup B=\{1,2,4,6\}$.

显然,对任意事件 A 均有如下运算性质:

$A\cup A=A$, $A\cup\Omega=\Omega$, $A\cup\varnothing=A$,若 $B\supset A$ 则 $A\cup B=B$.

4. 事件的积

事件 A 与事件 B 同时发生的事件,称为事件 A 与事件 B 的积(或交),记作 AB 或 $A\cap B$. 如图 2-3 中阴影部分.

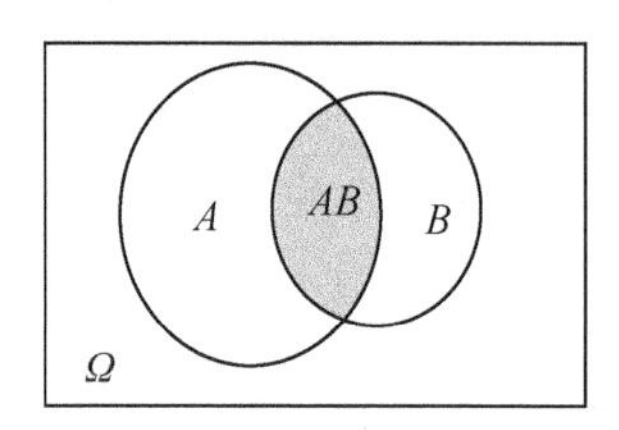

图 2-3

例如,某新兵连对新兵的信息进行调查,设事件 $A=\{$大学毕业$\}$, $B=\{$独生子女$\}$, $C=\{$大学毕业的独生子女$\}$. 这三个事件中,显然有 $AB=C$ (C 意味着 A 与 B 都发生了).

显然,对任意事件 A 均有如下运算性质:

$AA=A$, $A\Omega=A$, $A\varnothing=\varnothing$,若 $B\supset A$ 则 $AB=A$.

5. 事件的差

事件 A 发生而事件 B 不发生的事件,称为事件 A 与事件 B 的差,记为 $A-B$. 事件的差也可表示为 $A\bar{B}$,即 $A-B=A\bar{B}$,其中 $\bar{B}$ 为 B 的对立事件,在下面予以介绍. 如图 2-4 中阴影部分.

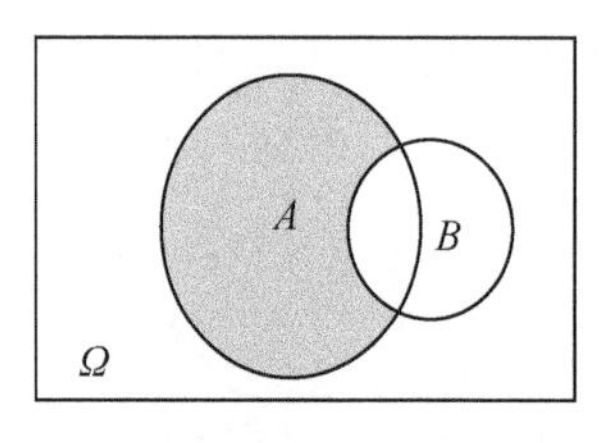

图 2-4

例如,在投掷一枚骰子的试验中,若事件 $A=\{$骰子出现的点数小于 4$\}$, $B=\{$骰子出现的点数是偶数$\}$,即 $A=\{1,2,3\}$, $B=\{2,4,6\}$,则 $A-B=\{1,3\}$.

6. 互斥事件

如果事件 A 与事件 B 不可能同时发生,即 $AB=\varnothing$,则称事件 A 与事件 B 为互斥事件(或不相容事件). 如图 2-5.

7. 对立事件

如果事件 A 与事件 B 满足: $A\cup B=\Omega$, $AB=\varnothing$,则称事件 A 与事件 B 为对立事件(或互逆事件). A 的对立事件也记作 $\bar{A}$,表示 A 不发生. 如图 2-6.

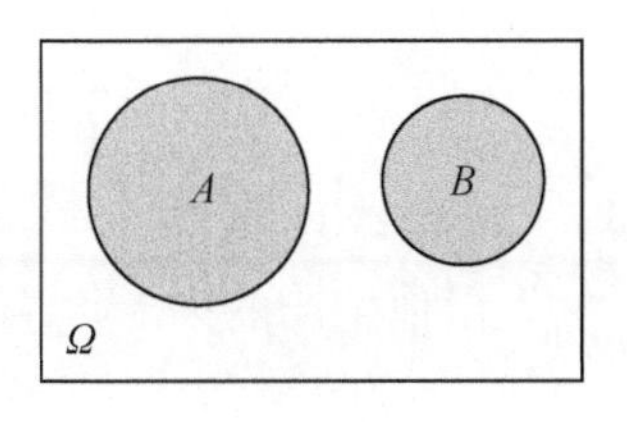

图 2-5

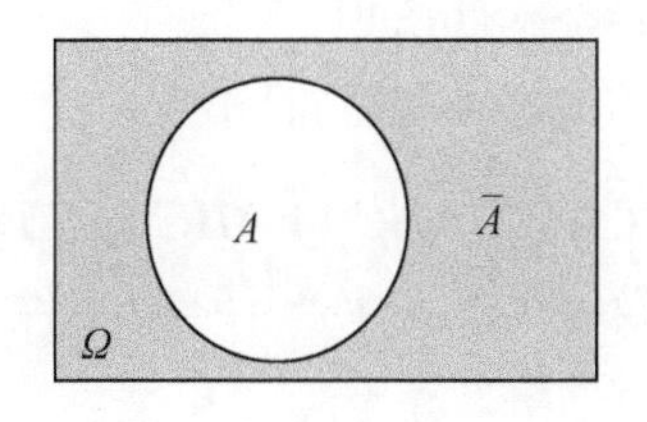

图 2-6

注意:对立事件一定是互斥事件,但互斥事件却不一定是对立事件.

关于事件的运算有如下规律:

(1) **交换律**:$A \cup B = B \cup A, AB = BA$;

(2) **结合律**:$(A \cup B) \cup C = A \cup (B \cup C), (AB)C = A(BC)$;

(3) **分配律**:$(A \cup B)C = AC \cup BC, (AB) \cup C = (A \cup C)(B \cup C)$;

(4) **德摩根定律(对偶原理)**:

$\overline{A_1 \cup A_2 \cup \cdots \cup A_n} = \overline{A_1}\,\overline{A_2} \cdots \overline{A_n}$; $\overline{A_1 A_2 \cdots A_n} = \overline{A_1} \cup \overline{A_2} \cup \cdots \cup \overline{A_n}$.

例 2.1.1 甲、乙两人分别射击目标,设事件 $A =$ {甲击中目标}, $B =$ {乙击中目标},试说明下列事件的含义:

(1) AB; (2) $\bar{A}\bar{B}$;

(3) $\bar{A}B$; (4) $A\bar{B}$;

(5) $A \cup B$; (6) $A\bar{B} \cup \bar{A}B \cup AB$;

(7) $A\bar{B} \cup \bar{A}B$; (8) $\bar{A} \cup \bar{B}$;

(9) $\bar{A}\bar{B} \cup \bar{A}B \cup A\bar{B}$; (10) $\overline{AB}$.

解 (1) AB 表示甲、乙两人都击中目标的事件;

(2) $\bar{A}\bar{B}$ 表示甲、乙两人都未击中目标的事件;

(3) $\bar{A}B$ 表示甲未击中目标而乙击中目标的事件;

(4) $A\bar{B}$ 表示甲击中目标而乙未击中目标的事件;

(5) $A \cup B$ 表示甲、乙两人中至少有一个人击中目标的事件;

(6) $A\bar{B} \cup \bar{A}B \cup AB$ 表示甲、乙两人中至少有一个人击中目标的事件;

(7) $A\bar{B} \cup \bar{A}B$ 表示甲、乙两人中恰有一个人击中目标的事件;

(8) $\bar{A} \cup \bar{B}$ 表示甲、乙两人中至少有一个人未击中目标的事件;

(9) $\bar{A}B \cup \bar{A}B \cup A\bar{B}$ 表示甲、乙两人中最多有一个人击中目标的事件;

(10) $\overline{AB}$ 表示不是甲、乙两人都击中目标的事件,换言之,表示甲、乙两人中至少有一个人未击中目标的事件.

例 2.1.2 设 A, B, C 表示三个事件,试用 A, B, C 表示下列事件:

(1) A 出现, B, C 都不出现;

（2）不多于一个事件出现；

（3）事件 A 和事件 C 不同时出现；

解　(1) $A\bar{B}\bar{C}$；(2) $\bar{A}\bar{B}\bar{C} \cup A\bar{B}\bar{C} \cup \bar{A}B\bar{C} \cup \bar{A}\bar{B}C$；(3) $\overline{AC}$.

例 2.1.3　设一个工人生产了 4 个零件，A_i 表示他生产的第 i 个零件是正品（$i=1,2,3,4$），试表示下列事件：

（1）全是正品；

（2）至少有一个是次品；

（3）只有一个是次品；

（4）至少有三个是正品.

解　(1) $A_1A_2A_3A_4$；

(2) $\overline{A_1A_2A_3A_4}$；

(3) $\bar{A}_1A_2A_3A_4 \cup A_1\bar{A}_2A_3A_4 \cup A_1A_2\bar{A}_3A_4 \cup A_1A_2A_3\bar{A}_4$；

(4) $\bar{A}_1A_2A_3A_4 \cup A_1\bar{A}_2A_3A_4 \cup A_1A_2\bar{A}_3A_4 \cup A_1A_2A_3\bar{A}_4 \cup A_1A_2A_3A_4$.

2.1.3　概率的统计定义

对于随机现象，只考虑它的所有可能结果是没有什么意义的. 我们所关心的是各种可能结果在一次试验中出现的可能性究竟有多大，从而就可以在数量上研究随机现象.

对于随机事件 A，若在 n 次试验中发生了 μ_n 次，则称比值 $\frac{\mu_n}{n}$ 为随机事件 A 在 n 次试验中发生的**频率**，记为 $f_n(A)$，即

$$f_n(A)=\frac{\mu_n}{n}.$$

例如，试验 E 为抛一枚质地均匀的硬币，若抛 20 次，硬币出现 11 次“正面向上”（记为事件 A），即 $n=20$，$\mu_n=11$. 此时，事件 A 在 20 次试验中出现的频率为

$$f_{20}(A)=\frac{11}{20}=0.55.$$

再重复进行 40 次试验，事件 A 出现的频数为 20，则

$$f_{40}(A)=\frac{20}{40}=0.5.$$

此即事件 A 在 40 次试验中发生的频率.

当然，我们还可以重复上千次、上万次的试验，分别记录事件 A 发生的频数，计算出其频率. 人们发现，尽管重复试验的次数不同，事件 A 发生的频数也各有差异，但其频率却稳定在一个固定的数值(0.5)左右，而且随着试验次数的增多，这种稳定性愈加明显. 为了验证这种频率的稳定性，历史上有不少统计学家曾做过“抛硬币”的试验，试验结果如表 2-1.

表 2-1

试验者	抛硬币次数	出现正面次数	频率
蒲 丰	4 040	2 048	0.506 9
皮尔逊	12 000	6 019	0.501 6
皮尔逊	24 000	12 012	0.500 5

频率稳定值的大小,反映了事件 A 发生的可能性的大小. 因此,可以给出下列定义:

定义 2.1.1 当大量重复进行同一试验时,随着试验次数 n 的无限增大,事件 A 发生的频率 $f_n(A)=\frac{\mu_n}{n}$ 会稳定在某一常数值附近. 这个常数值是随机事件 A 发生的可能性大小的度量,称为事件 A 的**概率**,记作 $P(A)$.

由于上面给出的概率定义是通过对频率的大量统计观测得到的,通常称为概率的**统计定义**. 这个定义虽然比较直观,但实际上我们不可能用它来计算事件的概率. 因为按照定义,要真正得到频率的稳定值,必须进行无穷多次试验,这显然是做不到的. 因此,我们还要另外寻找一些不用凭借试验就可以计算出事件发生的概率的方法.

显然,由概率的统计定义知,事件 A 的概率具有下列三个基本性质:

(1) $0\leqslant P(A)\leqslant 1$;

(2) $P(\Omega)=1$;

(3) $P(\varnothing)=0$.

2.1.4 概率的古典定义

概率论的基本研究课题之一就是计算随机事件的概率. 我们先来讨论一类最早被研究、也是最常见的随机试验. 这类随机试验具有下述特征:

(1) 全部可能结果只有有限个;

(2) 这些结果的发生是等可能的.

这种数学模型通常被称为**古典概型**,又称为**等可能概型**.

由古典概型随机试验的特征可以看出,如果一个试验 E,在它的样本空间 Ω 中共有 n 个基本事件 $\omega_1,\omega_2,\cdots,\omega_n$,则每一基本事件在一次试验中发生的可能性都是 $\frac{1}{n}$. 对任一随机事件 A 来说,如果 A 包含了其中的 k 个基本事件,则 A 发生的可能性应该是 $\frac{1}{n}$ 的 k 倍,即 $\frac{k}{n}$,所以事件 A 的概率

$$P(A)=\frac{k}{n}=\frac{A\text{ 中包含的基本事件数}}{\Omega\text{ 中的基本事件总数}}=\frac{A\text{ 中包含的样本点数}}{\Omega\text{ 中的样本点总数}}.$$

这个定义称为概率的**古典定义**.

例 2.1.4 掷一颗均匀的骰子,求出现偶数点的概率.

解 设事件 $A=\{$出现偶数点$\}$,则 $A=\{2,4,6\}$,即 A 中含有 3 个基本事件,而样本空间 $\Omega=\{1,2,3,4,5,6\}$,即基本事件总数为 6,从而

$$P(A)=\frac{3}{6}=\frac{1}{2}.$$

例 2.1.5 某种福利彩票的中奖号码由 3 位数字组成,每一位数字都可以是 0～9 中的任何一个数字,求中奖号码的 3 位数字全不相同的概率.

解 设事件 $A=\{$中奖号码的 3 位数字全不相同$\}$.

由于每一位数有 10 种选择,因此 3 位数共有 10^3 种选择,即基本事件总数为 10^3 个. 要 3 位数各不相同,相当于要从 10 个数字中任选 3 个做无重复的排列,共有 P_{10}^3 种选择,即 A 包含的基本事件数为 P_{10}^3 个,因此,

$$P(A)=\frac{\mathrm{P}_{10}^3}{10^3}=\frac{10\times 9\times 8}{1\ 000}=\frac{18}{25}.$$

例 2.1.6 10 张光盘中有 3 张是盗版,从中任取 6 张,问其中恰有 2 张盗版光盘的概率是多少?

解 用 A 表示该事件.

从 10 张光盘中任取 6 张的基本事件总数为 C_{10}^6 个,其中恰有 2 张盗版光盘意味着 2 张是从 3 张盗版光盘中取的,其余 4 张是从 7 张正版中取的,因此事件 A 包含的基本事件数为 $\mathrm{C}_7^4\mathrm{C}_3^2$. 所以事件 A 的概率为

$$P(A)=\frac{\mathrm{C}_7^4\mathrm{C}_3^2}{\mathrm{C}_{10}^6}=\frac{1}{2}.$$

例 2.1.7 8 把钥匙中有 3 把能打开某门锁,从中任取 2 把,求能打开该门锁的概率.

解 用 A 表示该事件.

从 8 把钥匙中任取 2 把的基本事件总数为 C_8^2,能打开门锁意味着在取出的 2 把钥匙中有 1 把或 2 把能打开该门锁,因而事件 A 包含的基本事件数为 $\mathrm{C}_3^1\mathrm{C}_5^1+\mathrm{C}_3^2$. 所以事件 A 的概率为

$$P(A)=\frac{\mathrm{C}_3^1\mathrm{C}_5^1+\mathrm{C}_3^2}{\mathrm{C}_8^2}=\frac{9}{14}.$$

2.1.5 概率的加法公式

前面介绍了如何按定义直接计算随机事件的概率,但是,两个事件 A 与 B 的和事件 $A\cup B$ 的概率如何计算呢?为此,我们不加证明地给出概率的一些性质,这些性质的几何意义非常明显,可参看图形理解把握.

性质 1 若事件 A,B 为互斥事件,则 $P(A\cup B)=P(A)+P(B)$.

该性质称为互斥事件概率的加法公式. 如图 2-7.

性质 2 对任一事件 A,有 $P(A)=1-P(\bar{A})$ 或 $P(A)+P(\bar{A})=1$.

该性质称为对立事件概率的加法公式. 如图 2-8.

性质 3 对任意两个事件 A,B,有 $P(A-B)=P(A)-P(AB)$. 如图 2-9.

特别地,若 $A\supset B$,则 $P(A-B)=P(A)-P(B)$.

性质 4 对任意两个事件 A,B，有 $P(A\cup B)=P(A)+P(B)-P(AB)$.

该性质称为和事件概率的加法公式. 如图 2-10，AB 为重叠部分.

利用这些基本性质，可以方便地计算某些事件的概率.

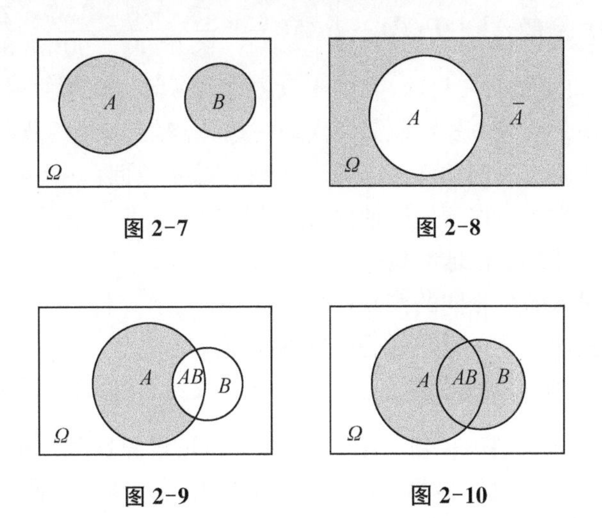

图 2-7　图 2-8

图 2-9　图 2-10

例 2.1.8 从一副有 4 种花色的扑克牌中任取一张，问取到黑桃或红心的概率是多少？

解 设 $A=\{$抽到一张黑桃$\}$，$B=\{$抽到一张红心$\}$，则抽到黑桃或红心的事件为 $A\cup B$. 由于 A、B 为互斥事件，所以所求的概率为

$$P(A\cup B)=P(A)+P(B)=\frac{13}{52}+\frac{13}{52}=\frac{1}{2}.$$

例 2.1.9 某型号航空耗材由甲、乙两家公司提供货源，根据历史统计资料，甲公司按时供货的概率为 0.9；乙公司按时供货的概率为 0.8；两家公司都按时供货的概率为 0.72，求甲、乙两家公司中至少有一家公司能按时供货的概率.

解 设 $A=\{$甲公司按时供货$\}$，$B=\{$乙公司按时供货$\}$，则 $A\cup B$ 表示甲、乙两家公司中至少有一家公司能按时供货的事件. 所以所求的概率为

$$P(A\cup B)=P(A)+P(B)-P(AB)=0.9+0.8-0.72=0.98.$$

例 2.1.10 在所有的两位数 10～99 中任取一个数，求：

(1) 这个数能被 2 但不能被 3 整除的概率；

(2) 这个数能被 2 或 3 整除的概率.

解 设 $A=\{$所取数能被 2 整除$\}$，$B=\{$所取数能被 3 整除$\}$，则事件 $A-B$ 表示所取的数能被 2 但不能被 3 整除，事件 AB 表示既能被 2 又能被 3 整除，即能被 6 整除的数. 因为所有的 90 个两位数中，能被 2 整除的有 45 个，能被 3 整除的有 30 个，能被 6 整除的有 15 个，所以有

$$P(A)=\frac{45}{90},P(B)=\frac{30}{90},P(AB)=\frac{15}{90}.$$

于是有

(1) $P(A-B)=P(A)-P(AB)=\frac{45}{90}-\frac{15}{90}=\frac{1}{3}$；

(2) $P(A\cup B)=P(A)+P(B)-P(AB)=\frac{45}{90}+\frac{30}{90}-\frac{15}{90}=\frac{2}{3}$.

例 2.1.11 一口袋装有6只球，其中4只白球、2只红球. 从袋中取球两次，每次随机地取一只. 考虑两种取球方式：(a)第一次取一球，观察其颜色后放回袋中，搅匀后再取一球. 这种取球方式叫作放回抽样. (b)第一次取一球不放回袋中，第二次从剩余的球中再取一球. 这种取球方式叫作不放回抽样. 试分别就上面两种情况求：

(1) 取到的两只球都是白球的概率；

(2) 取到的两只球颜色相同的概率；

(3) 取到的两只球中至少有一只是白球的概率.

解 设 $A=\{$取到的两只球都是白球$\}$，$B=\{$取到的两只球都是红球$\}$，$C=\{$取到的两只球中至少有一只是白球$\}$. 则，$A\cup B=\{$取到的两只球颜色相同$\}$，$C=\bar{B}$.

(a) 放回抽样的情况. 此时，第一次从袋中取球有6只球可供抽取，第二次也有6只球可供抽取. 由组合法的乘法原理，共有 6×6 种取法. 即样本空间中元素总数为 6×6. 对于事件 A 而言，由于第一次有4只白球可供抽取，第二次也有4只白球可供抽取，由乘法原理共有 4×4 种取法，即 A 中包含 4×4 个元素. 同理，B 中包含 2×2 个元素. 于是

$$P(A)=\frac{4\times4}{6\times6}=0.444,$$

$$P(B)=\frac{2\times2}{6\times6}=0.111.$$

由于 $AB=\varnothing$，得

$$P(A\cup B)=P(A)+P(B)=0.556,$$

$$P(C)=P(\bar{B})=1-P(B)=0.889.$$

(b) 不放回抽样的情况.

$$P(A)=\frac{4\times3}{6\times5}=0.4,$$

$$P(B)=\frac{2\times1}{6\times5}=0.067,$$

$$P(A\cup B)=P(A)+P(B)=0.467,$$

$$P(C)=P(\bar{B})=1-P(B)=0.933.$$

2.1.6 条件概率与乘法公式

在许多问题中，我们往往会遇到在事件 A 已经出现的条件下求事件 B 的概率的情况. 这时由于有了附加条件，因此称这种概率为事件 A 出现下事件 B 的条件概率，记作 $P(B\mid A)$. 例如，两台车床加工同一种机械零件，数据如表 2-2.

表 2-2

	正品数	次品数	总计
第一台车床加工的零件数	35	5	40
第二台车床加工的零件数	50	10	60
总计	85	15	100

现从这 100 个零件中任取一个零件，记 $A=\{$取出的零件是第一台车床加工的$\}$，$B=\{$取出的零件为正品$\}$，则有

$$P(A)=\frac{40}{100}=0.4\ ,\ P(B)=\frac{85}{100}=0.85\ ,$$

$$P(AB)=\frac{35}{100}=0.35\ ,\ P(B\mid A)=\frac{35}{40}=0.875\ .$$

从上述例子中容易验证：$P(B\mid A)=\dfrac{P(AB)}{P(A)}$.

一般地，称

$$P(B\mid A)=\frac{P(AB)}{P(A)}\quad (\,P(A)>0\,)$$

为在事件 A 发生的条件下事件 B 发生的**条件概率**.

同理，称

$$P(A\mid B)=\frac{P(AB)}{P(B)}\quad (\,P(B)>0\,)$$

为在事件 B 发生的条件下事件 A 发生的**条件概率**.

例 2.1.12 某城市八月份刮台风的概率为 0.6，又刮台风且又下暴雨的概率为 0.5，求在刮台风的天气下暴雨的概率.

解 设 $A=\{$该城市八月份刮台风$\}$，$B=\{$该城市八月份下暴雨$\}$，则 $P(A)=0.6$，$P(AB)=0.5$，所以

$$P(B\mid A)=\frac{P(AB)}{P(A)}=\frac{0.5}{0.6}=\frac{5}{6}\ .$$

例 2.1.13 将一枚质地均匀的硬币连续抛掷两次，若 $B=\{$第一次出现正面$\}$，$A=\{$第二次出现正面$\}$，求 $P(A\mid B)$.

解 设 $AB=\{$两次均出现正面$\}$，则 $P(AB)=\dfrac{1}{4}$，$P(B)=\dfrac{1}{2}$，所以

$$P(A\mid B)=\frac{P(AB)}{P(B)}=\frac{1}{2}\ .$$

将上述条件概率的两个式子变形，便可得到如下**乘法公式**：

设 A,B 为任意事件，则

$$P(AB) = P(A)P(B \mid A) = P(B)P(A \mid B).$$

例 2.1.14 一批零件共有 100 个,次品率为 10%,接连两次从这批零件中任取一个零件,第一次取出的零件不再放回去,求第二次才取得正品的概率.

解 按题意,设 $A=$ {第一次取出的零件是次品}, $B=$ {第二次取出的零件是正品},则所求的概率为 $P(AB)$.

因为

$$P(A) = \frac{10}{100}, P(B \mid A) = \frac{90}{99},$$

所以

$$P(AB) = P(A)P(B \mid A) = \frac{10}{100} \cdot \frac{90}{99} = \frac{1}{11}.$$

例 2.1.15 市场上的灯泡分别是甲、乙两厂的产品,甲厂的产品占有 60%,乙厂的产品占有 40%.甲厂产品的合格率为 0.9,乙厂产品的合格率为 0.8,从市场上随机购买一个灯泡,求:

(1) 所买灯泡是甲厂产品且是合格品的概率;

(2) 所买灯泡是乙厂产品且是次品的概率.

解 设 $A=$ {所买灯泡是甲厂产品},则 $\bar{A}=$ {所买灯泡是乙厂产品}, $B=$ {所买灯泡是合格品},则 $\bar{B}=$ {所买灯泡是次品}.

(1) 因为 $P(A)=0.6$, $P(B|A)=0.9$,所以所买灯泡是甲厂产品且是合格品的概率为

$$P(AB) = P(A)P(B|A) = 0.6 \times 0.9 = 0.54.$$

(2) 因为 $P(\bar{A})=0.4$, $P(\bar{B}|\bar{A})=0.2$,所以所买灯泡是乙厂产品且是次品的概率为

$$P(\bar{A}\bar{B}) = P(\bar{A})P(\bar{B}|\bar{A}) = 0.4 \times 0.2 = 0.08.$$

2.1.7 全概率公式与贝叶斯公式

在概率计算中,对比较复杂的事件,往往要同时运用概率的加法公式和乘法公式,这就是下面介绍的全概率公式.

若事件组 $A_1, A_2, \cdots, A_n$ 满足 $A_1 \cup A_2 \cup \cdots \cup A_n = \Omega$,且其中任意两个事件互斥,即 $A_iA_j = \varnothing$,则这样的事件组 $A_1, A_2, \cdots, A_n$ 称为**完备事件组**.

若事件组 $A_1, A_2, \cdots, A_n$ 为完备事件组,则对任意一个事件 $B(P(B)>0)$,有

$$P(B) = P(A_1)P(B|A_1) + P(A_2)P(B|A_2) + \cdots + P(A_n)P(B|A_n),$$

并称该公式为**全概率公式**.

这是因为 $B=B\Omega=B(A_1\cup A_2\cup\cdots\cup A_n)=BA_1\cup BA_2\cup\cdots\cup BA_n$，而 $A_1,\cdots,A_n$ 两两互斥，所以 B 被分解为两两互斥事件 $BA_1,BA_2,\cdots,BA_n$ 的和，由此得

$$\begin{aligned}P(B)&=P(BA_1\cup BA_2\cup\cdots\cup BA_n)\\&=P(BA_1)+P(BA_2)+\cdots+P(BA_n)\\&=P(A_1)P(B|A_1)+P(A_2)P(B|A_2)+\cdots+P(A_n)P(B|A_n)\end{aligned}$$

特别地，因为事件 A 与 $\bar{A}$ 为完备事件组，所以有

$$P(B)=P(A)P(B|A)+P(\bar{A})P(B|\bar{A}).$$

例 2.1.16 三枚导弹同时射击敌机，已知敌机未被击中的概率为 0.05，恰有一枚导弹击中敌机的概率为 0.3，恰有两枚导弹击中敌机的概率为 0.45，恰有三枚导弹击中敌机的概率为 0.2；当敌机被击中一弹时，被击落的概率为 0.5，敌机被击中两弹时，被击落的概率为 0.8，敌机被击中三弹时，敌机被击落，求敌机被击落的概率.

解 设 $B=\{$敌机被击落$\}$，$A_k=\{$敌机被击中 k 弹$\}(k=0,1,2,3)$，则 A_0,A_1,A_2,A_3 组成完备事件组. 又已知

$$P(A_0)=0.05,\ P(A_1)=0.3,\ P(A_2)=0.45,\ P(A_3)=0.2;$$
$$P(B|A_0)=0,\ P(B|A_1)=0.5,\ P(B|A_2)=0.8,\ P(B|A_3)=1,$$

所以

$$\begin{aligned}P(B)&=P(A_0)P(B|A_0)+P(A_1)P(B|A_1)+P(A_2)P(B|A_2)+P(A_3)P(B|A_3)\\&=0.05\times0+0.3\times0.5+0.45\times0.8+0.2\times1\\&=0.71.\end{aligned}$$

例 2.1.17 考卷中一道选择题有四个答案，仅有一个是正确的. 设一个学生知道正确答案与不知道正确答案而乱猜是等可能的，求该学生能得到正确答案的概率.

解 该学生只有知道答案与不知道答案而乱猜两种情况，设 $A=\{$知道正确答案$\}$，则 $\bar{A}=\{$不知道正确答案而乱猜$\}$，$B=\{$该学生得到正确答案$\}$. 因为

$$A\subset B,\ P(AB)=P(A)=\frac{1}{2},\ P(B|A)=1,\ P(B|\bar{A})=\frac{1}{4},$$

由全概率公式得

$$P(B)=P(A)P(B|A)+P(\bar{A})P(B|\bar{A})=\frac{1}{2}\times1+\frac{1}{2}\times\frac{1}{4}=\frac{5}{8}.$$

在例 2.1.16 中，如果提问：若敌机被击落，则该敌机被击中一弹或两弹或三弹的概率分别是多少？在例 2.1.17 中，如果提问：该学生能得到正确答案，则该学生知道正确答案或不知道正确答案而乱猜的概率分别是多少？它们的共同点是在事件 B 发生的条件下，求事件 A_k 发生的条件概率 $P(A_k|B)$，解决这类条件概率问题，就要用到下面的贝叶斯公式：

若事件组 $A_1,A_2,\cdots,A_n$ 为完备事件组，则对任意一个事件 $B(P(B)>0)$，均有

$$P(A_k|B)=\frac{P(A_k)P(B|A_k)}{P(A_1)P(B|A_1)+P(A_2)P(B|A_2)+\cdots+P(A_n)P(B|A_n)},$$

并称该公式为**贝叶斯公式**.

这是因为根据概率的乘法公式，有

$$P(A_kB)=P(A_k)P(B|A_k),\ P(A_kB)=P(B)P(A_k|B),$$

所以

$$P(A_k|B)=\frac{P(A_kB)}{P(B)}=\frac{P(A_k)P(B|A_k)}{P(B)},$$

将 $P(B)$ 的全概率公式代入得

$$P(A_k|B)=\frac{P(A_k)P(B|A_k)}{P(A_1)P(B|A_1)+P(A_2)P(B|A_2)+\cdots+P(A_n)P(B|A_n)}.$$

例 2.1.18 某批次航材是由甲、乙两个工厂生产的，其中甲的产量占 60%，次品率为 2%；乙的产量占 40%，次品率为 5%，从这批航材中任取一件，发现所取的航材是次品，问这件次品是甲生产的可能性大还是乙生产的可能性大？

解 设 $B=\{$所取航材是次品$\}$，$A=\{$所取航材是甲生产的$\}$，则 $\bar{A}=\{$所取航材是乙生产的$\}$. 由题目条件有

$$P(A)=0.6,\ P(\bar{A})=0.4,\ P(B|A)=0.02,\ P(B|\bar{A})=0.05.$$

本题是比较 $P(A|B)$ 与 $P(\bar{A}|B)$ 中哪个大？为此，

第一步，先求

$$P(B)=P(A)P(B|A)+P(\bar{A})P(B|\bar{A})=0.6\times0.02+0.4\times0.05=0.032.$$

第二步，分别求 $P(A|B)$，$P(\bar{A}|B)$ 得

$$P(A|B)=\frac{P(A)P(B|A)}{P(B)}=\frac{0.6\times0.02}{0.032}=\frac{12}{32},$$

$$P(\bar{A}|B)=\frac{P(\bar{A})P(B|\bar{A})}{P(B)}=\frac{0.4\times0.05}{0.032}=\frac{20}{32}.$$

所以 $P(\bar{A}|B)$ 较 $P(A|B)$ 大，即若已知航材是次品时，该航材是乙厂生产的可能性大.

2.1.8 事件的相互独立性

一般来说，条件概率 $P(B|A)$ 与概率 $P(B)$ 是不等的，但在某些情形下，它们是相等的.

例如，在一批有一定次品率的产品中，接连两次抽取产品，每次任取一件，如果第一

次抽取后仍放回这批产品中，设事件 A 为"第一次取得正品"，事件 B 为"第二次取得正品"，那么，$P(B \mid A) = P(B)$，也就是说，当 $P(B \mid A) = P(B)$ 时，乘法公式可表示为

$$P(AB) = P(A)P(B).$$

由此，我们引进事件相互独立性的概念.

如果两事件 A,B 的积事件的概率等于这两事件的概率的乘积，则称两事件 A、B 是**相互独立**的.

事件的相互独立性的概念也可以推广到有限多个事件的情形. 例如，若

$$P(ABC) = P(A)P(B)P(C),$$

则事件 A,B,C 相互独立.

例 2.1.19 甲、乙各自同时向一敌机炮击，已知甲击中敌机的概率为 0.6，乙击中敌机的概率为 0.5，求敌机被击中的概率.

解 设 $A=\{$甲击中敌机$\}$，$B=\{$乙击中敌机$\}$，$C=\{$敌机被击中$\}$. 由加法公式得

$$P(C) = P(A \cup B) = P(A) + P(B) - P(AB).$$

根据题意可以认为"甲击中敌机"与"乙击中敌机"这两个随机事件是相互独立的，因此有

$$P(AB) = P(A)P(B) = 0.6 \times 0.5 = 0.3,$$

于是

$$P(C) = 0.6 + 0.5 - 0.3 = 0.8.$$

一般来说，若事件 A 与 B 相互独立，那么事件 A 与 $\overline{B}$、事件 $\overline{A}$ 与 B、事件 $\overline{A}$ 与 $\overline{B}$ 也相互独立.

例 2.1.20 三个人独立地破译一密码，他们能单独译出的概率分别为 $\frac{1}{5}$，$\frac{1}{3}$，$\frac{1}{4}$，试求此密码被译出的概率.

解 设 $B=\{$密码被译出$\}$，$A_i=\{$第 i 人译出密码$\}$（$i=1,2,3$），则 A_1,A_2,A_3 相互独立，且 $P(A_1)=\frac{1}{5}$，$P(A_2)=\frac{1}{3}$，$P(A_3)=\frac{1}{4}$，于是有

$$\begin{aligned} P(B) &= P(A_1 \cup A_2 \cup A_3) = 1 - P(\overline{A_1}\,\overline{A_2}\,\overline{A_3}) \\ &= 1 - P(\overline{A_1})P(\overline{A_2})P(\overline{A_3}) \\ &= 1 - \left(1-\frac{1}{5}\right)\left(1-\frac{1}{3}\right)\left(1-\frac{1}{4}\right) = \frac{3}{5}. \end{aligned}$$

例 2.1.21 六枚导弹同时独立射击敌机，每枚导弹的命中率 $p=0.4$，求敌机被击中的概率.

解 设 $B=\{$敌机被击中$\}$，$A_i=\{$第 i 枚导弹击中敌机$\}$（$i=1,2,3,4,5,6$），则 $A_1,\cdots,A_6$ 相互独立，且 $P(A_1)=\cdots=P(A_6)=0.4$，于是有

$$
\begin{aligned}
P(B) &= P(A_1 \cup A_2 \cup \cdots \cup A_6) = 1 - P(\overline{A_1}\,\overline{A_2}\cdots\overline{A_6}) \\
&= 1 - P(\overline{A_1})P(\overline{A_2})\cdots P(\overline{A_6}) \\
&= 1 - (1-0.4)^6 = 0.95.
\end{aligned}
$$

练习与作业 2-1

一、选择

1. 将一枚硬币投掷三次，考察其正反面出现的情况，它的基本事件的总数为　（　　）

A. 3；　B. 4；　C. 6；　D. 8.

2. 设 A,B 为两个事件，则（　　）表示 A,B 不都发生.

A. $\bar{A}\bar{B}$；　B. $\bar{A}B$；　C. $\overline{AB}$；　D. $A\bar{B}$.

3. 已知事件 A,B 相互独立，$P(A\cup B)=0.8$，$P(B)=0.5$，则 $P(A)=$　（　　）

A. 0.3；　B. 0.2；　C. 0.5；　D. 0.6.

4. 以 A 表示事件"甲种产品畅销，乙种产品滞销"，则事件 $\bar{A}$ 表示　（　　）

A. 甲种产品滞销，乙种产品畅销；　B. 甲、乙两种产品均畅销；

C. 甲种产品滞销；　D. 甲种产品滞销或乙种产品畅销.

5. 若 $P(A)=\frac{1}{2}$，$P(B)=\frac{1}{3}$，$P(AB)=\frac{1}{6}$，则事件 A,B 的关系是　（　　）

A. 互斥事件；　B. 对立事件；　C. 独立事件；　D. $A\supset B$.

6. 若 $P(A)>0$，$P(B)>0$，且事件 A,B 互斥，则　（　　）

A. 事件 A,B 独立；　B. 事件 A,B 不独立；

C. 事件 A,B 对立；　D. 以上都不对.

7. 若 $P(A)=\frac{1}{2}$，$P(B)=\frac{1}{3}$，$P(B|A)=\frac{2}{3}$，则 $P(A|B)=$　（　　）

A. 0；　B. 1；　C. $\frac{1}{6}$；　D. $\frac{2}{3}$.

8. 若事件 A,B 相互独立，则________错误.　（　　）

A. $A,\bar{B}$ 相互独立；　B. $\bar{A},\bar{B}$ 相互独立；

C. $P(\bar{A}B)=P(\bar{A})P(B)$；　D. A,B 一定互斥.

二、填空

1. 设 A,B 为两个事件，且 $P(A\cup B)=0.9$，$P(AB)=0.3$，若 $B\subset A$，则 $P(A-B)=$________.

2. 设 A,B 为两个事件，且已知 $P(\bar{A}\bar{B})=0.3$，则 $P(A\cup B)=$________.

3. 设 A,B 为两个事件，且已知 $P(A)=0.6$，$P(B)=0.9$，$P(A|B)=0.7$，则 $P(A\cup B)=$________.

4. 设 A,B,C 为三个相互独立的事件，且已知 $P(A)=0.8$，$P(B)=0.7$，$P(C)=0.9$，则 $P(A\cup B\cup C)=$________.

三、计算解答

1. 写出下列试验的样本空间：

(1) 口袋中有 10 个球，分别标有号码 $1\sim 10$，从中任取一球，观察球的号数；

(2) 将一枚硬币连续掷两次，观察正、反面出现的情况；

(3) 一射手向同一目标射击，直到命中为止，记录射击的次数；

(4) 将长为 l 的一条线段随意地截为两段，测量较长一段的长度.

2. 掷一颗质量均匀的骰子，设各事件如下：$A=\{$出现的点数是奇数$\}$，$B=\{$出现的点数小于 3$\}$，$C=\{$出现的点数大于 1$\}$，$D=\{$出现的点数是偶数$\}$. 求：

(1) $A\cup C$；(2) AB；(3) CD；(4) $D-C$.

3. 向指定的目标射击三枪，以 A_1,A_2,A_3 分别表示事件"第一、二、三枪击中目标". 试用 A_1,A_2,A_3 表示下列事件：

(1) 只击中第一枪；

(2) 只击中一枪；

(3) 三枪都未击中；

(4) 至少击中一枪.

4. 设 A,B,C 为三个事件，试用事件的运算关系表示下面事件：

(1) A,B,C 三个事件至少有一个发生；

(2) A,B,C 三个事件都不发生；

(3) 不是 A,B,C 三个事件都发生；

(4) A,B,C 三个事件中恰好有一个发生；

(5) A,B,C 三个事件都发生；

(6) A,B,C 三个事件恰好有两个发生；

(7) A,B,C 三个事件中最多有一个发生；

(8) A,B,C 三个事件中至少有两个发生.

5. 10 件产品中有 3 件次品，现从中随机地抽取 2 件，求：

(1) 其中恰有 1 件次品的概率；

(2) 其中至少有 1 件次品的概率.

6. 4 位密码锁的每一位都有从 0 到 9 的 10 个数字，求随机地对号 10 次能够开锁的概率.

7. 从 5 双不同尺码的鞋中任取两只鞋，问能配对的概率是多少?

8. 将 10 本书任意排放在书架上，求其中指定 4 本书排在一起的概率.

9. 将 C,C,E,E,I,N,S 七个字母随机地排成一行，那么恰好排成英文单词 SCIENCE 的概率为多少?

10. 从一副扑克牌的 13 张梅花中一张一张地有放回地抽取 3 次，求：

(1) 没有同号的概率；

(2) 有同号的概率.

11. 9 把钥匙中有 4 把能打开某门锁，从中任取 2 把，求能打开该门锁的概率.

12. 某连有一至十共 10 个班，每个班选出 2 名战士组成尖刀小队，若从 20 名尖刀小队成员中选出 5 名作为小队骨干，求二班在小队骨干中有代表的概率.

13. 某连队有步枪 75 支，其中有 5 支还没来得及进行保养，现团里组织枪械保养情况检查，检查方案如下：随机抽取 10 支步枪进行检查，若发现所有步枪都已保养，则连长要受到表扬；若发现有 1 支步枪没保养，则连长要被通报批评；若发现有 2 支及以上的步枪没有保养，则连长要在全团大会上做检查. 试计算该连连长被表扬、被通报批评及做检查的概率各为多少?（列出算式即可）

14. 某县有甲、乙两条河，水文资料表明，雨季中甲河泛滥的概率为 0.5，乙河泛滥的概率为 0.6，两条河都泛滥的概率为 0.25，求该县雨季中两条河至少有一条河泛滥的概率.

15. 在一电路中，电压超过额定值的概率为 p_1，在电压超过额定值的情况下该电路中元件损坏的

概率为 p_2，求该电路中元件由于高压而损坏的概率 p.

16. 甲、乙二人独立地射击同一个目标，命中目标的概率分别为 0.9 和 0.8，现每人射击一次，求下列事件的概率：

(1) 二人都命中；(2) 甲命中而乙未命中；(3) 目标被击中；(4) 只有一人命中.

17. 已知 $P(A)=0.6$，$P(B)=0.5$，$P(A\cup B)=0.8$，求：

(1) $P(B|A)$；(2) $P(A-B)$；(3) $P(A|\overline{B})$.

18. 已知 A,B 是任意两个事件，且满足：$P(AB)=P(\overline{A}\overline{B})$，$P(A)=p$，求 $P(B)$.

19. 在 10 件产品中有 7 件正品，3 件次品，从中每次抽取一件，取后不放回.

(1) 求第三次才取到正品的概率；

(2) 若共抽取三次，求所取三次中至少有一次取到正品的概率.

20. 某产品由三道工序独立完成，已知第一道工序的废品率为 5%，第二道工序的废品率为 3%，第三道工序的废品率为 2%，求：

(1) 该产品的合格率；

(2) 该产品的废品率.

21. 甲、乙、丙三家工厂生产同一种产品，它们的产量分别占 50%、30%、20%，次品率分别为 2%、4%、5%，从它们生产的产品中任取一件，求：

(1) 所取的产品是次品的概率；

(2) 如果已知所取到的产品是次品，则该产品是甲厂生产的可能性是多少？

22. 某人有 3 个口袋，其中 1 号袋中有 3 个红球，2 个白球；2 号袋与 3 号袋中都是 2 个红球，3 个白球. 今从中随意取出 1 个口袋，再从袋中取出 1 个球，求所取出的球是红球的概率.

2.2 随机变量及概率分布

2.2.1 随机变量及其分布函数

在随机试验中，试验的每一种可能结果都可以用一个数来表示，如果把这些数用一个统一的变量 X 来表示，显然，随着试验的结果不同，X 的取值也不同. 这种取值带有随机性的变量 X 就称为**随机变量**. 下面通过几个例子加深对随机变量的认识.

例 2.2.1 设一个口袋中有依次标有 -1,2,2,2,3,3 数字的六个球，从中任取一个球，用 X 表示取得球的标号，则 X 是一个随机变量，它在 -1,2,3 这 3 个数中取值.

例 2.2.2 某电话机在一天中接到呼叫的次数 X 是一个随机变量，如果这一天没有接到呼叫，则 $X=0$；如果这一天接到 1 次呼叫，则 $X=1$；如果这一天接到 2 次呼叫，则 $X=2$……所以，X 在全体自然数中取值.

例 2.2.3 考察“抛硬币”这一试验，它有两个可能结果：“出现正面”或“出现反面”. 为了便于研究，我们将每一个结果用一个实数来代表. 例如，用数“1”代表“出现正面”，用数“0”代表“出现反面”. 这样，若用变量 X 来表示试验的结果，则 X 是一个随机变量，它在 1,0 这 2 个数中取值.

例 2.2.4 某人连续向同一目标射击 10 次，则击中目标的次数 X 是一个随机变量，它在 0 至 10 间的自然数中取值.

例 2.2.5 某人连续向同一目标射击,直到击中目标才停止射击,则射击次数 X 是一个随机变量,它在不包括 0 的全体自然数中取值.

例 2.2.6 进行"测试灯泡寿命"这一试验,用 X 表示灯泡的寿命(以小时计),则 X 是一个随机变量,它在区间 $[0,+\infty)$ 内任意取值.

例 2.2.7 某路公共汽车每隔 10 分钟发一辆车,用 X 表示旅客等车的时间(以分钟计),则 X 是一个随机变量,它在区间 $[0,10]$ 上任意取值.

上述几个例子中,随机变量的取值有两种不同的情况. 如果随机变量的取值可以逐个列出,这样的随机变量称为**离散型随机变量**;如果随机变量的取值可以在一个区间任意取值,这样的随机变量称为**连续型随机变量**.

引入随机变量 X 后,就可以用随机变量 X 来描述事件.

例如,例 2.2.1 中 X 的取值为 2,写成 $\{X=2\}$,它表示"取出的球的标号是 2"这一事件,而 $P\{X=2\}=\frac{1}{2}$ 表示这一事件的概率.

为了完整地描述随机变量取值的概率规律,下面介绍分布函数的概念.

定义 2.2.1 设 X 是一个随机变量,x 是任意实数,则称函数

$$F(x)=P\{X\leqslant x\}\quad(-\infty<x<+\infty)$$

为随机变量 X 的**分布函数**.

从分布函数的定义很容易看出分布函数具有如下性质:

(1) $0\leqslant F(x)\leqslant 1$;

(2) $F(x)$ 是非严格单调的递增函数;

(3) $\lim\limits_{x\to-\infty}F(x)=0$,$\lim\limits_{x\to+\infty}F(x)=1$;

(4) $P\{a<x\leqslant b\}=P\{X\leqslant b\}-P\{X\leqslant a\}=F(b)-F(a)$,特别地

$$P\{x>a\}=1-P\{X\leqslant a\}=1-F(a).$$

例 2.2.8 求例 2.2.3 中随机变量 X 的分布函数,并求 $P\{0<X\leqslant 1\}$ 和 $P\{X>2\}$ 的值.

解 因为 X 所有可能的取值是 0,1 (取 0 表示出现反面,取 1 表示出现正面),且 $P\{X=0\}=\frac{1}{2}$,$P\{X=1\}=\frac{1}{2}$.

当 $x<0$ 时,$F(x)=P\{X\leqslant x\}=P(\varnothing)=0$;

当 $0\leqslant x<1$ 时,$F(x)=P\{X\leqslant x\}=P\{X=0\}=\frac{1}{2}$;

当 $x\geqslant 1$ 时,$F(x)=P\{X\leqslant x\}=1$ (因为 $\{X\leqslant x\}$ 是必然事件).

所以,X 的分布函数为

$$F(x)=\begin{cases}0, & x<0\\ 1/2, & 0\leqslant x<1\\ 1, & x\geqslant 1\end{cases}.$$

由分布函数的性质可得

$$P\{0<X\leqslant 1\}=F(1)-F(0)=1-\frac{1}{2}=\frac{1}{2};$$

$$P\{X>2\}=1-F(2)=1-1=0.$$

例 2.2.9 求例 2.2.1 中随机变量 X 的分布函数.

解 因为 X 所有可能的取值是 $-1,2,3$，且 $P\{X=-1\}=\frac{1}{6}$，$P\{X=2\}=\frac{1}{2}$，$P\{X=3\}=\frac{1}{3}$.

当 $x<-1$ 时，$F(x)=P\{X\leqslant x\}=0$（因为 $\{X\leqslant x\}$ 是不可能事件）；

当 $-1\leqslant x<2$ 时，$F(x)=P\{X\leqslant x\}=P\{X=-1\}=\frac{1}{6}$；

当 $2\leqslant x<3$ 时，$F(x)=P\{X\leqslant x\}=P\{X=-1\}+P\{X=2\}=\frac{1}{6}+\frac{1}{2}=\frac{2}{3}$；

当 $x\geqslant 3$ 时，$F(x)=P\{X\leqslant x\}=1$（因为 $\{X\leqslant x\}$ 是必然事件）.

所以，X 的分布函数为

$$F(x)=\begin{cases}0, & x<-1\\ 1/6, & -1\leqslant x<2\\ 2/3, & 2\leqslant x<3\\ 1, & x\geqslant 3\end{cases}.$$

2.2.2 离散型随机变量及其概率分布

前面已经指出，如果一个随机变量的取值可以逐个列出，这样的随机变量称为离散型随机变量.

定义 2.2.2 设离散型随机变量 X 所有可能的取值为 $x_1,x_2,\cdots$，其取这些值的概率

$$P\{X=x_k\}=p_k\quad(k=1,2,\cdots)$$

称为离散型随机变量 X 的**概率分布**（或**分布律**）.

分布律常用表格的形式来表示，如表 2-3.

表 2-3

X	x_1	x_2	$\cdots$	x_n	$\cdots$
p_k	p_1	p_2	$\cdots$	p_n	$\cdots$

离散型随机变量的概率分布具有如下基本性质：

(1) $0\leqslant p_k\leqslant 1$；

(2) $p_1+p_2+\cdots+p_n+\cdots=1$.

例 2.2.10 掷一颗密度均匀的骰子，用随机变量 X 表示出现的点数.(1)写出 X 的分布律；(2)求 $P\{1<X\leqslant 3\}$.

解 (1) X 的分布律如表 2-4 所示.

表 2-4

X	1	2	3	4	5	6
p_k	1/6	1/6	1/6	1/6	1/6	1/6

(2) $P\{1 < X \leqslant 3\} = P\{X = 2\} + P\{X = 3\} = \frac{1}{6} + \frac{1}{6} = \frac{1}{3}$.

例 2.2.11 袋中有10件产品，其中有7件正品，3件次品，从中每次抽取1件，取后不放回，直到取到正品为止，用随机变量 X 表示抽取产品的次数，写出 X 的分布律.

解 X 只可能取1,2,3,4四个值，且

$P\{X = 1\} = \frac{7}{10} = \frac{84}{120}$，　　$P\{X = 2\} = \frac{3}{10} \times \frac{7}{9} = \frac{7}{30} = \frac{28}{120}$，

$P\{X = 3\} = \frac{3}{10} \times \frac{2}{9} \times \frac{7}{8} = \frac{7}{120}$，　　$P\{X = 4\} = \frac{3}{10} \times \frac{2}{9} \times \frac{1}{8} \times \frac{7}{7} = \frac{1}{120}$.

此即为 X 的分布律，写成表格的形式如表2-5所示.

表 2-5

X	1	2	3	4
p_k	84/120	28/120	7/120	1/120

例 2.2.12 若某随机变量 X 的分布律如表2-6所示，

(1) 求 C；(2)求 $P\{X < 3\}$；(3)求 $P\{X \neq 2\}$.

表 2-6

X	1	2	3	4
p_k	0.2	0.3	0.4	C

解 (1) 根据概率分布的性质，$0.2 + 0.3 + 0.4 + C = 1$，故 $C = 0.1$；

(2) $P\{X < 3\} = P\{X = 1\} + P\{X = 2\} = 0.2 + 0.3 = 0.5$；

(3) $P\{X \neq 2\} = P\{X = 1\} + P\{X = 3\} + P\{X = 4\} = 0.2 + 0.4 + 0.1 = 0.7$.

例 2.2.13 某战士射击50米远处的目标，命中率为0.8，如果他连续射击，直到命中目标为止，用随机变量 X 表示直到射中目标的射击次数.(1)写出 X 的分布律；(2)求该战士射击3次之内命中目标的概率.

解 (1) $\{X = n\}$ 表示前 $n-1$ 次射击没命中目标，第 n 次射击命中目标，由于每次射击相互独立，所以 $P\{X = n\} = (1 - 0.8)^{n-1} \times 0.8$，因此 X 的分布律如表2-7所示.

表 2-7

X	1	2	3	…	n	…
p_k	0.8	0.2×0.8	$0.2^2 \times 0.8$	…	$0.2^{n-1} \times 0.8$	…

(2) 该战士射击3次之内命中目标的概率为 $P\{X \leqslant 3\}$，即

$$
\begin{aligned}
P\{X \leqslant 3\} &= P\{X = 1\} + P\{X = 2\} + P\{X = 3\} \\
&= 0.8 + 0.2 \times 0.8 + 0.2^2 \times 0.8 = 0.992.
\end{aligned}
$$

下面介绍两个常见的离散型随机变量的概率分布.

1. 二项分布

定义 2.2.3 如果随机变量 X 的所有可能取值为 $0,1,2,\cdots,n$,其概率分布为

$$P\{X=k\}=C_n^k p^k(1-p)^{n-k} \quad (k=0,1,\cdots,n),$$

其中 $0<p<1$ 是一个常数,则称 X 服从参数为 n,p 的**二项分布**,记为 $X\sim B(n,p)$.

在二项分布中,如果 $n=1$,即当 $X\sim B(1,p)$ 时, X 的概率分布简化为

$$P\{X=k\}=p^k(1-p)^{1-k} \quad (k=0,1).$$

这时, X 的值只能取 0 或 1, $P\{X=0\}=1-p,P\{X=1\}=P$,我们将 X 的分布称为 $0-1$ **分布**(或**两点分布**).

二项分布的应用很广,只要符合“每次试验的可能结果只有两种,相同的试验可以重复独立进行 n 次,某事件发生了 k 次”特点的都是二项分布. 例如,一名战士多次射击命中目标的次数、一批种子中能够发芽的种子数、产品检验中抽得的次品数等均符合二项分布.

例 2.2.14 某武装直升机射击远处某目标的命中率为 0.8 ,如果该直升机连续射击了 5 次,求目标被击中 3 次的概率.

解 设 X 表示 5 次射击中目标被击中的次数,则 $X\sim B(5,0.8)$,所以目标被击中 3 次的概率为

$$P\{X=3\}=C_5^3\,0.8^3(1-0.8)^2=0.204\,8.$$

例 2.2.15 某车间共有 30 台机床,每台机床在一分钟内需要有人照看的概率都是 0.1 ,且这些机床是否需要照看是相互独立的,试求这 30 台机床在同一分钟内至少有一台需要照看的概率.

解 设 X 表示 30 台机床在同一分钟内需要照看的台数,则 $X\sim B(30,0.1)$,所以,这 30 台机床在同一分钟内至少有一台需要照看的概率为

$$P\{X\geqslant 1\}=1-P\{X<1\}=1-P\{X=0\}=1-C_{30}^0\,0.1^0(1-0.1)^{30}=0.958.$$

2. 泊松分布

定义 2.2.4 如果随机变量 X 可以取无穷个值 $0,1,2,\cdots$,其概率分布为

$$P\{X=k\}=\frac{\lambda^k}{k!}e^{-\lambda} \quad (k=0,1,2,\cdots),$$

其中 $\lambda>0$ 是一个常数,则称 X 服从参数为 λ 的**泊松分布**,记为 $X\sim P(\lambda)$.

泊松分布应用广泛. 例如,一段时间内接到的电话数,一段时间内进店的顾客数,一段时间内发生的交通事故数,在电脑中输入一篇文章的输入错误数等都服从或近似服从泊松分布.

例 2.2.16 已知 $X\sim P(\lambda)$,且 $P\{X=1\}=P\{X=2\}$,求 $P\{X=3\}$.

解 因为 $X\sim P(\lambda)$,且 $P\{X=1\}=P\{X=2\}$,所以 $\frac{\lambda^1}{1!}e^{-\lambda}=\frac{\lambda^2}{2!}e^{-\lambda}$,解得 $\lambda=2$,

所以

$$P\{X=3\}=\frac{2^3}{3!}e^{-2}=\frac{4}{3e^2}.$$

若 $X\sim P(\lambda)$，也可用查表法来求概率，泊松分布数值表见表 2-8. 如在例 2.2.16 中，$X\sim P(2)$，查泊松分布数值表得 $P\{X=3\}=0.1804$.

例 2.2.17 某网站在一分钟内接到的访问次数服从参数为 3 的泊松分布，求一分钟内接到的访问不超过 5 次的概率.

解 设 X 表示一分钟内接到的访问次数，则根据泊松分布的定义有

$$P\{X=k\}=\frac{3^k}{k!}e^{-3}\quad(k=0,1,2,\cdots).$$

于是，一分钟内接到访问不超过 5 次的概率为

$$\begin{aligned}P\{X\leqslant 5\}&=P\{X=0\}+P\{X=1\}+P\{X=2\}+P\{X=3\}+P\{X=4\}+P\{X=5\}\\&=0.05+0.149+0.224+0.224+0.168+0.101=0.916.\end{aligned}$$

在实际计算中，经常用泊松分布来近似计算二项分布. 一般地，若 $X\sim B(n,p)$，且 n 充分大、p 充分小时，随机变量 X 就近似服从参数 $\lambda=np$ 的泊松分布. 即

$$P\{X=k\}=C_n^k p^k(1-p)^{n-k}\approx\frac{(np)^k}{k!}e^{-np}.$$

实际应用中，只要 $n\geqslant 20$、$p\leqslant 0.1$ 即可，不过若 $n\geqslant 100$、$p\leqslant 0.1$ 则近似程度更好.

例 2.2.18 设某批次航材的次品率 $p=0.03$，从中抽取 100 件，求这 100 件航材中恰有 10 件次品的概率.

解 设 X 表示所抽取 100 件航材中次品的件数，则 $X\sim B(100,0.03)$. 若用二项分布公式计算，则

$$P\{X=10\}=C_{100}^{10}\,0.03^{10}(1-0.03)^{90}.$$

显然这个计算相当烦琐.

由于 $n=100$ 很大，$p=0.03$ 很小，采用参数 $\lambda=np=3$ 的泊松分布 $X\sim P(3)$ 来近似计算，查表即得

$$P\{X=10\}=\frac{3^{10}}{10!}e^{-3}=0.0008.$$

表 2-8　泊松分布数值表($P\{X=k\}=\frac{\lambda^k}{k!}e^{-\lambda}$)

k	λ							
	0.1	0.2	0.3	0.4	0.5	0.6	0.7	0.8
0	0.904 8	0.818 7	0.740 8	0.670 3	0.606 5	0.548 8	0.496 6	0.449 3
1	0.090 5	0.163 7	0.222 2	0.268 1	0.268 1	0.329 3	0.347 6	0.359 5
2	0.004 5	0.016 4	0.033 3	0.053 6	0.053 6	0.098 8	0.121 7	0.143 8
3	0.000 2	0.001 1	0.003 3	0.007 2	0.007 2	0.019 8	0.028 4	0.038 3
4	—	0.000 1	0.000 3	0.000 7	0.000 7	0.003 0	0.005 0	0.007 7
5	—	—	—	0.000 1	0.000 1	0.000 4	0.000 7	0.001 2
6	—	—	—	—	—	—	0.000 1	0.000 2

k	λ							
	0.9	1	2	3	4	5	6	7
0	0.406 6	0.367 9	0.135 3	0.049 8	0.018 3	0.006 7	0.002 5	0.000 9
1	0.365 9	0.367 9	0.270 7	0.149 4	0.073 3	0.033 7	0.014 9	0.006 4
2	0.164 7	0.183 9	0.270 7	0.224 0	0.146 5	0.084 2	0.044 6	0.022 3
3	0.049 4	0.061 3	0.180 4	0.224 0	0.195 4	0.140 4	0.089 2	0.052 1
4	0.011 1	0.015 3	0.090 2	0.168 0	0.195 4	0.175 5	0.133 9	0.091 2
5	0.002 0	0.003 1	0.036 1	0.100 8	0.156 3	0.175 5	0.160 6	0.127 7
6	0.000 3	0.00 5	0.12 0	0.050 4	0.104 2	0.146 2	0.160 6	0.149 0
7	—	0.000 1	0.003 4	0.021 6	0.059 5	0.104 4	0.137 7	0.149 0
8	—	—	0.000 9	0.008 1	0.029 8	0.065 3	0.103 3	0.130 4
9	—	—	0.000 2	0.002 7	0.013 2	0.036 3	0.068 8	0.101 4
10	—	—	—	0.000 8	0.005 3	0.018 1	0.041 3	0.071 0
11	—	—	—	0.000 2	0.001 9	0.008 2	0.022 5	0.045 2
12	—	—	—	0.000 1	0.000 6	0.003 4	0.011 3	0.026 3
13	—	—	—	—	0.000 2	0.001 3	0.005 2	0.014 2
14	—	—	—	—	0.000 1	0.000 5	0.002 2	0.007 1
15	—	—	—	—	—	0.000 2	0.000 9	0.003 3
16	—	—	—	—	—	—	0.000 3	0.001 4
17	—	—	—	—	—	—	0.000 1	0.000 6
18	—	—	—	—	—	—	—	0.000 2
19	—	—	—	—	—	—	—	0.000 1

k	λ							
	8	9	10	11	12	13	14	15
0	0.000 3	0.000 1	—	—	—	—	—	—
1	0.002 7	0.001 1	0.000 5	0.000 2	0.000 1	—	—	—
2	0.010 7	0.005 0	0.002 3	0.001 0	0.000 4	0.000 2	0.000 1	—
3	0.028 6	0.015 0	0.007 6	0.003 7	0.001 8	0.000 8	0.000 4	0.000 2
4	0.057 3	0.033 7	0.018 9	0.010 2	0.005 3	0.002 7	0.001 3	0.000 6
5	0.091 6	0.060 7	0.037 8	0.022 4	0.012 7	0.007 0	0.003 7	0.001 9
6	0.122 1	0.091 1	0.063 1	0.041 1	0.025 5	0.015 2	0.008 7	0.004 8
7	0.139 6	0.117 1	0.090 1	0.064 6	0.043 7	0.028 1	0.017 4	0.010 4
8	0.139 6	0.131 8	0.112 6	0.088 8	0.065 5	0.045 7	0.030 4	0.019 4
9	0.124 1	0.131 8	0.125 1	0.108 5	0.087 4	0.066 1	0.047 3	0.032 4
10	0.099 3	0.118 6	0.125 1	0.119 4	0.104 8	0.085 9	0.066 3	0.048 6
11	0.072 2	0.097 0	0.113 7	0.119 4	0.114 4	0.101 5	0.084 4	0.066 3
12	0.048 1	0.072 8	0.094 8	0.109 4	0.114 4	0.109 9	0.098 4	0.082 9
13	0.029 6	0.050 4	0.072 9	0.092 6	0.105 6	0.109 9	0.106 0	0.095 6
14	0.016 9	0.032 4	0.052 1	0.072 8	0.090 5	0.102 1	0.106 0	0.102 4
15	0.009 0	0.019 4	0.034 7	0.053 4	0.072 4	0.088 5	0.098 9	0.102 4
16	0.004 5	0.010 9	0.021 7	0.036 7	0.054 3	0.071 9	0.086 6	0.096 0
17	0.002 1	0.005 8	0.012 8	0.023 7	0.038 3	0.055 0	0.071 3	0.084 7
18	0.000 9	0.002 9	0.007 1	0.014 5	0.025 5	0.039 7	0.055 4	0.070 6
19	0.000 4	0.001 4	0.003 7	0.008 4	0.016 1	0.027 2	0.040 9	0.055 7
20	0.000 2	0.000 6	0.001 9	0.004 6	0.009 7	0.017 7	0.028 6	0.041 8
21	0.000 1	0.000 3	0.000 9	0.002 4	0.005 5	0.010 9	0.019 1	0.029 9
22	—	0.000 1	0.000 4	0.001 2	0.003 0	0.006 5	0.012 1	0.020 4
23	—	—	0.000 2	0.000 6	0.001 6	0.003 7	0.007 4	0.013 3
24	—	—	0.000 1	0.000 3	0.000 8	0.002 0	0.004 3	0.008 3
25	—	—	—	0.000 1	0.000 4	0.001 0	0.002 4	0.005 0
26	—	—	—	—	0.000 2	0.000 5	0.001 3	0.002 9
27	—	—	—	—	0.000 1	0.000 2	0.000 7	0.001 6
28	—	—	—	—	—	0.000 1	0.000 3	0.000 9
29	—	—	—	—	—	0.000 1	0.000 2	0.000 4
30	—	—	—	—	—	—	0.00 1	0.000 2
31	—	—	—	—	—	—	—	0.000 1
32	—	—	—	—	—	—	—	0.000 1

2.2.3 连续型随机变量及其概率分布

前面已经指出,如果一个随机变量可以在一个区间任意取值,这样的随机变量称为连续型随机变量.一般地,我们给出如下定义:

定义 2.2.4 设 X 是一个随机变量, $F(x)=P\{X\leqslant x\}(-\infty<x<+\infty)$ 为 X 的分布函数,如果存在一个非负函数 $\varphi(x)$,使得

$$F(x)=\int_{-\infty}^{x}\varphi(x)\mathrm{d}x ,$$

则称 X 为**连续型随机变量**,并称 $\varphi(x)$ 为 X 的**概率密度**(或**分布密度**).

概率密度 $\varphi(x)$ 具有如下基本性质:

(1) $\varphi(x)\geqslant 0$;

(2) $\int_{-\infty}^{+\infty}\varphi(x)\mathrm{d}x=1$;

(3) $P\{a<X<b\}=P\{a\leqslant X<b\}=P\{a\leqslant X\leqslant b\}=P\{a<X\leqslant b\}$

$$=\int_{a}^{b}\varphi(x)\mathrm{d}x=F(b)-F(a) .$$

例 2.2.19 设 X 的概率密度为

$$\varphi(x)=\begin{cases}\dfrac{A}{(1+2x)^2}, & x>0\\ 0, & x\leqslant 0\end{cases}.$$

求:(1) 常数 A ;(2) 概率 $P\{X\geqslant 2\}$.

解 (1) 根据概率密度的性质,得

$$1=\int_{-\infty}^{+\infty}\varphi(x)\mathrm{d}x=\int_{-\infty}^{0}0\mathrm{d}x+\int_{0}^{+\infty}\frac{A}{(1+2x)^2}\mathrm{d}x=0+\frac{A}{2}\int_{0}^{+\infty}\frac{1}{(1+2x)^2}\mathrm{d}(1+2x)$$

$$=-\frac{A}{2}\frac{1}{1+2x}\Bigg|_{0}^{+\infty}=-\frac{A}{2}\left(0-\frac{1}{1+0}\right)=\frac{A}{2}.$$

所以 $A=2$.

(2) $P\{X\geqslant 2\}=P\{2\leqslant X<+\infty\}=\int_{2}^{+\infty}\varphi(x)\mathrm{d}x=\int_{2}^{+\infty}\frac{2}{(1+2x)^2}\mathrm{d}x$

$$=\int_{2}^{+\infty}\frac{1}{(1+2x)^2}\mathrm{d}(1+2x)=-\frac{1}{1+2x}\Bigg|_{2}^{+\infty}=-0+\frac{1}{1+4}=\frac{1}{5}.$$

下面介绍几种常见的连续型随机变量的概率分布.

1. 均匀分布

定义 2.2.5 如果随机变量 X 的概率密度为

$$\varphi(x)=\begin{cases}\dfrac{1}{b-a}, & a\leqslant x\leqslant b\\ 0, & 其他\end{cases},$$

则称 X 服从区间 $[a,b]$ 上的(即参数为 a,b)的**均匀分布**,记为 $X\sim U(a,b)$.

容易求得均匀分布$U(a,b)$的分布函数为

$$F(x)=\begin{cases}0, & x\leqslant a\\ \dfrac{x-a}{b-a}, & a<x\leqslant b\\ 1, & x>b\end{cases}.$$

均匀分布是连续型随机变量中一种最基本的分布，其应用比较广，现实中凡不具有特殊性的随机数据都服从均匀分布. 如，乘客到达车站的时间是任意的，他等候乘车的时间服从均匀分布.

例 2.2.20 某路公共汽车每隔10分钟发一辆，乘客在任何时刻到达车站是等可能的，若记乘客候车的时间为X分钟，求乘客候车时间在1分钟到4分钟之间的概率.

解 因为$X\sim U(0,10)$，即

$$\varphi(x)=\begin{cases}\dfrac{1}{10}, & 0<x\leqslant 10\\ 0, & \text{其他}\end{cases},$$

所以

$$P\{1<X<4\}=\int_1^4\frac{1}{10}\mathrm{d}x=\frac{1}{10}x\Big|_1^4=0.3.$$

2. 指数分布

定义 2.2.6 如果随机变量X的概率密度为

$$\varphi(x)=\begin{cases}\lambda \mathrm{e}^{-\lambda x}, & x>0\\ 0, & x\leqslant 0\end{cases},$$

其中$\lambda>0$为常数，则称X服从参数为λ的**指数分布**，记为$X\sim E(\lambda)$.

容易求得指数分布$E(\lambda)$的分布函数为

$$F(x)=\begin{cases}1-\mathrm{e}^{-\lambda x}, & x>0\\ 0, & x\leqslant 0\end{cases}.$$

例如，两个电话打来之间的时间间隔，两次交通事故发生之间的时间间隔都服从指数分布.

例 2.2.21 某种电子元件的使用寿命X服从指数分布，若已知其分布函数为

$$F(x)=\begin{cases}1-\mathrm{e}^{-\frac{x}{1\,000}}, & x>0\\ 0, & x\leqslant 0\end{cases},$$

求该电子元件使用时间在1 000小时到1 500小时的概率.

解 使用时间在1 000小时到1 500小时的事件为$\{1\,000\leqslant X<1\,500\}$，根据分布函数的性质，有

$$P\{1\,000\leqslant X<1\,500\}=F(1\,500)-F(1\,000)=\mathrm{e}^{-1}-\mathrm{e}^{-1.5}.$$

3. 正态分布

定义 2.2.7 如果随机变量 X 的概率密度为

$$\varphi(x)=\frac{1}{\sqrt{2\pi}\sigma}\mathrm{e}^{-\frac{(x-\mu)^2}{2\sigma^2}}\quad(-\infty<x<+\infty),$$

其中 μ,σ 为常数,且 $\sigma>0$,则称 X 服从参数为 μ,σ 的**正态分布**,记为 $X\sim N(\mu,\sigma^2)$.

正态分布 $N(\mu,\sigma^2)$ 的概率密度(也叫密度函数)的图像如图 2-11 所示,且有以下性质:

(1) $\varphi(x)$ 关于 $x=\mu$ 左右对称.

(2) 当 $x\to\pm\infty$ 时, $\varphi(x)\to 0$.

(3) 当 $x=\mu$ 时, $\varphi(x)$ 取最大值,最大值为 $\frac{1}{\sqrt{2\pi}\sigma}$.

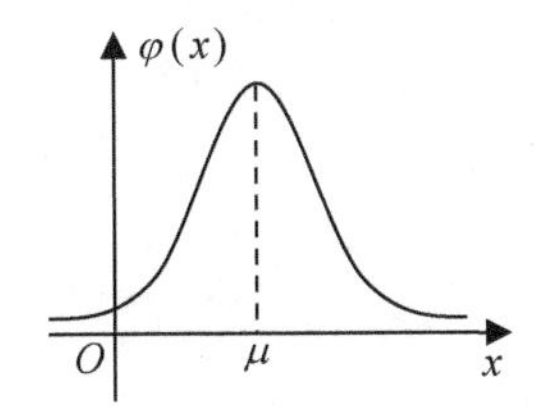

图 2-11

正态分布是概率论中最重要的一种分布,其应用非常广泛. 例如,测量的误差、人的身高、人的体重、农作物的产量、学生的考试成绩等都近似服从正态分布.

在正态分布的密度函数中,若 $\mu=0,\sigma=1$,即随机变量 X 的概率密度为

$$\varphi(x)=\frac{1}{\sqrt{2\pi}}\mathrm{e}^{-\frac{x^2}{2}}\quad(-\infty<x<+\infty),$$

则称 X 服从参数为 0,1 的**标准正态分布**,记为 $X\sim N(0,1)$.

标准正态分布 $N(0,1)$ 的概率密度图像如图 2-12 所示.

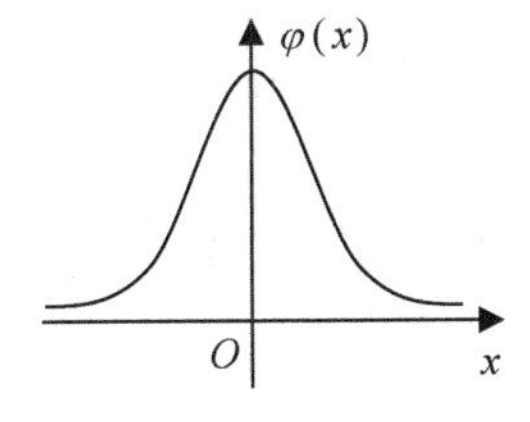

图 2-12

标准正态分布 $N(0,1)$ 的分布函数一般用专门的函数符号 $\Phi(x)$ 表示,即

$$\Phi(x)=P\{X\leqslant x\}=\frac{1}{\sqrt{2\pi}}\int_{-\infty}^{x}\mathrm{e}^{-\frac{t^2}{2}}\mathrm{d}t\quad(-\infty<x<+\infty).$$

图 2-13 中阴影部分的面积即为标准正态分布函数 $\Phi(x)$ 在 x 处的函数值.

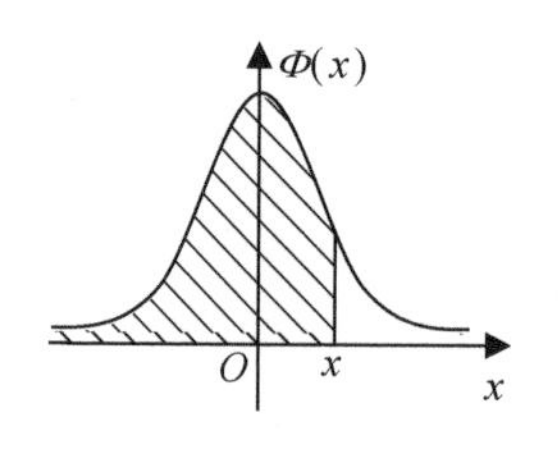

图 2-13

为了便于计算正态分布的分布函数值,人们编制了标准正态分布表,见表 2-9. 从表中可以查到与 x 对应的 $\Phi(x)$ 的值,也可以反过来查到与 $\Phi(x)$ 对应的 x 的值.

表中没有小于 0 的 x 值和小于 0.5 的 $\Phi(x)$ 值,但是可以证明

$$\Phi(-x)=1-\Phi(x).$$

这就是说,当 $x<0$ 时,要计算 $\Phi(x)$ 的值,可以先将 x 变号,化为正的 x ,查表求出 $\Phi(x)$ 后,再用 1 减去它. 当 $\Phi(x)<0.5$ 时,要计算 x 的值,可以先用 1 减去 $\Phi(x)$,化为大于 0.5 的 $\Phi(x)$,查表求出 x 后,再变号化为负值.

可以证明,若 $X\sim N(\mu,\sigma^2)$,则 $\frac{X-\mu}{\sigma}\sim N(0,1)$. 所以当 $X\sim N(\mu,\sigma^2)$ 时, X 小于等于某个值 x 的概率可由下式转化为标准正态分布来求出:

$$P\{X\leqslant x\}=P\{\frac{X-\mu}{\sigma}\leqslant\frac{x-\mu}{\sigma}\}=\Phi\left(\frac{x-\mu}{\sigma}\right).$$

X 落在某个区域内的概率可由下式转化为标准正态分布来求出:

$$P\{a<X\leqslant b\}=P\{X\leqslant b\}-P\{X\leqslant a\}=\Phi\left(\frac{b-\mu}{\sigma}\right)-\Phi\left(\frac{a-\mu}{\sigma}\right).$$

例 2.2.22 已知 $X\sim N(0,1)$,借助标准正态分布表计算:

(1) $P\{X\leqslant 2.35\}$;(2) $P\{X<-1.24\}$;(3) $P\{|X|<1.54\}$.

解 (1) $P\{X\leqslant 2.35\}=\Phi(2.35)=0.9906$ (查表得);

(2) $P\{X<-1.24\}=\Phi(-1.24)=1-\Phi(1.24)=1-0.8925=0.1075$;

(3) $$\begin{aligned}P\{|X|<1.54\}&=P\{-1.54<X<1.54\}=\Phi(1.54)-\Phi(-1.54)\\&=\Phi(1.54)-[1-\Phi(1.54)]=2\Phi(1.54)-1\\&=2\times0.9382-1=0.8764.\end{aligned}$$

例 2.2.23 已知 $X\sim N(1,2^2)$,求:

(1) $P\{X\leqslant 2.4\}$;(2) $P\{X>1.2\}$;(3) $P\{|X-1|<1\}$.

解 因为 $X\sim N(1,2^2)$,即有 $\mu=1,\sigma=2$.

(1) $P\{X\leqslant 2.4\}=\Phi(\frac{2.4-1}{2})=\Phi(0.7)=0.7580$;

(2) $$\begin{aligned}P\{X>1.2\}&=1-P\{X\leqslant 1.2\}=1-\Phi(\frac{1.2-1}{2})=1-\Phi(0.1)\\&=1-0.5398=0.4602;\end{aligned}$$

$$(3)\ P\{|X-1|<1\}=P\{0<X<2\}=\Phi(\frac{2-1}{2})-\Phi(\frac{0-1}{2})$$

$$=\Phi(0.5)-\Phi(-0.5)=\Phi(0.5)-[1-\Phi(0.5)]$$

$$=2\Phi(0.5)-1=2\times 0.6915-1=0.3830.$$

例 2.2.24 已知从某批航材中任取一件时，取得的这件航材的强度 X 服从 $N(200,18^2)$.

(1) 计算取得的这件航材的强度不低于 180 的概率；

(2) 如果所有的航材要求以 99%的概率保证强度不低于 150，问这批航材是否符合这个要求.

解 (1) $P\{X\geqslant 180\}=1-P\{X<180\}=1-\Phi\left(\frac{180-200}{18}\right)$

$$=1-\Phi(-1.11)=1-[1-\Phi(1.11)]=\Phi(1.11)=0.8665;$$

(2) $P\{X\geqslant 150\}=1-P\{X<150\}=1-\Phi(\frac{150-200}{18})$

$$=1-\Phi(-2.78)=1-[1-\Phi(2.78)]=\Phi(2.78)=0.9973.$$

即从这批航材中任取一件可以 99.73%的概率(大于 99%)保证强度不低于 150，所以这批航材符合所提出的要求.

表 2-9　标准正态分布表

$$\Phi(x)=P\{X\leqslant x\}=\frac{1}{\sqrt{2\pi}}\int_{-\infty}^{x}\mathrm{e}^{-\frac{t^2}{2}}\mathrm{d}t\quad(x\geqslant 0).$$

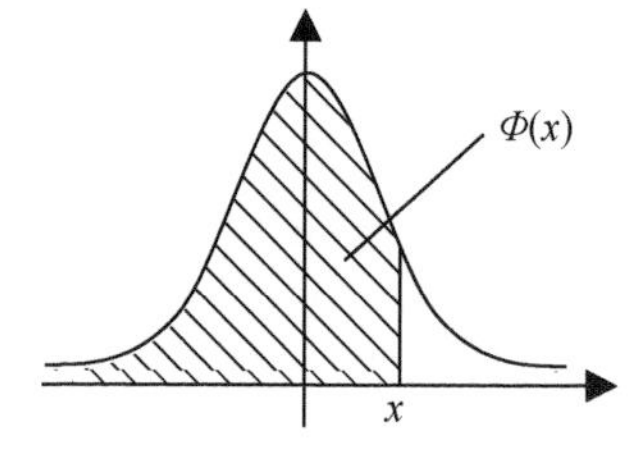

x	0.00	0.01	0.02	0.03	0.04	0.05	0.06	0.07	0.08	0.09
0.0	0.500 0	0.504 0	0.508 0	0.512 0	0.516 0	0.519 9	0.523 9	0.527 9	0.531 9	0.535 9
0.1	0.539 8	0.543 8	0.547 8	0.551 7	0.555 7	0.559 6	0.563 6	0.567 5	0.571 4	0.575 3
0.2	0.579 3	0.583 2	0.587 1	0.591 0	0.594 8	0.598 7	0.602 6	0.606 4	0.610 3	0.614 1
0.3	0.617 9	0.621 7	0.625 5	0.629 3	0.633 1	0.636 8	0.640 6	0.644 3	0.648 0	0.651 7
0.4	0.655 4	0.659 1	0.662 8	0.666 4	0.670 0	0.673 6	0.677 2	0.980 8	0.684 4	0.687 9
0.5	0.691 5	0.695 0	0.698 5	0.701 9	0.705 4	0.708 8	0.712 3	0.715 7	0.719 0	0.722 4
0.6	0.725 7	0.729 1	0.732 4	0.735 7	0.738 9	0.742 2	0.745 4	0.748 6	0.751 7	0.754 9
0.7	0.758 0	0.761 1	0.764 2	0.767 3	0.770 4	0.773 4	0.776 4	0.779 4	0.782 3	0.785 2
0.8	0.788 1	0.791 0	0.793 9	0.796 7	0.799 5	0.802 3	0.805 1	0.807 8	0.810 6	0.813 3
0.9	0.815 9	0.818 6	0.821 2	0.823 8	0.826 4	0.828 9	0.831 5	0.834 0	0.836 5	0.838 9
1.0	0.841 3	0.843 8	0.846 1	0.848 5	0.850 8	0.853 1	0.855 4	0.857 7	0.859 9	0.862 1
1.1	0.834 3	0.866 5	0.868 6	0.870 8	0.872 9	0.874 9	0.877 0	0.879 0	0.881 0	0.883 0
1.2	0.884 9	0.886 9	0.888 8	0.890 7	0.892 5	0.894 4	0.896 2	0.899 0	0.899 7	0.901 5
1.3	0.903 2	0.904 9	0.906 6	0.908 2	0.909 9	0.911 5	0.913 1	0.914 7	0.916 2	0.917 7
1.4	0.919 2	0.920 7	0.922 2	0.923 6	0.925 1	0.926 5	0.927 9	0.929 2	0.930 6	0.931 9
1.5	0.933 2	0.934 5	0.935 7	0.937 0	0.938 2	0.939 4	0.940 6	0.941 8	0.942 9	0.944 1
1.6	0.945 2	0.946 3	0.947 4	0.948 4	0.949 5	0.950 5	0.951 5	0.952 5	0.953 5	0.954 5
1.7	0.955 4	0.956 4	0.957 3	0.958 2	0.959 1	0.959 9	0.960 8	0.961 6	0.962 5	0.963 3
1.8	0.964 1	0.964 9	0.965 6	0.966 4	0.967 1	0.967 8	0.968 6	0.969 3	0.969 9	0.970 6
1.9	0.971 3	0.971 9	0.972 6	0.973 2	0.973 8	0.974 4	0.975 0	0.975 6	0.976 1	0.976 7
2.0	0.977 2	0.977 8	0.978 3	0.978 8	0.979 3	0.979 8	0.980 3	0.980 8	0.981 2	0.981 7
2.1	0.982 1	0.982 6	0.983 0	0.983 4	0.983 8	0.984 2	0.984 6	0.985 0	0.985 4	0.985 7
2.2	0.986 1	0.986 4	0.986 8	0.987 1	0.987 5	0.987 8	0.988 1	0.988 4	0.988 7	0.989 0
2.3	0.989 3	0.989 6	0.989 8	0.990 1	0.990 4	0.990 6	0.990 9	0.991 1	0.991 3	0.991 6
2.4	0.991 8	0.992 0	0.992 2	0.992 5	0.992 7	0.992 9	0.993 1	0.993 2	0.993 4	0.993 6
2.5	0.993 8	0.994 0	0.994 1	0.994 3	0.994 5	0.994 6	0.994 8	0.994 9	0.995 1	0.995 2
2.6	0.995 3	0.995 5	0.995 6	0.995 7	0.995 9	0.996 0	0.996 1	0.996 2	0.996 3	0.996 4
2.7	0.996 5	0.996 6	0.996 7	0.996 8	0.996 9	0.997 0	0.997 1	0.997 2	0.997 3	0.997 4
2.8	0.997 4	0.997 5	0.997 6	0.997 7	0.997 7	0.997 8	0.997 9	0.997 9	0.998 0	0.998 1
2.9	0.998 1	0.998 2	0.998 2	0.998 3	0.998 4	0.998 4	0.998 5	0.998 5	0.998 6	0.998 6
3.0	0.998 7	0.998 7	0.998 7	0.998 8	0.998 8	0.998 9	0.998 9	0.998 9	0.999 0	0.999 0

使用示例:若求 $\Phi(2.78)$,注意到 $2.78=2.7+0.08$,于是先从表 2-9 的最左侧找到数字 2.7 所在的一行,再从表的最上面找到数字 0.08 的这一列,位于行、列交叉处的值为 0.997 3,就是所求 $\Phi(2.78)$ 的值.

练习与作业 2-2

一、选择

1. 设随机变量 X 的概率分布为 $P\{X=1\}=\frac{1}{2}$，$P\{X=2\}=c$，$P\{X=3\}=\frac{1}{4}$，则 $c=$ （ ）

A. 0； B. 1； C. $\frac{1}{4}$； D. $-\frac{1}{4}$.

2. 已知离散型随机变量 X 的概率分布见表.

2 题

X	-1	0	1	2	4
P	$\frac{1}{10}$	$\frac{1}{5}$	$\frac{1}{10}$	$\frac{1}{5}$	$\frac{2}{5}$

则下列概率计算结果中________正确. （ ）

A. $P\{X=3\}=0$； B. $P\{X=0\}=0$；

C. $P\{X>-1\}=1$； D. $P\{X<4\}=1$.

3. 设随机变量 X 的概率密度为 $\varphi(x)=\begin{cases} cx, & 0\leqslant x\leqslant 2 \\ 0, & \text{其他} \end{cases}$，则 $c=$ （ ）

A. 1； B. 2； C. $\frac{1}{2}$； D. $\frac{1}{4}$.

4. 设随机变量 X 的概率密度为 $\varphi(x)=\begin{cases} \frac{x}{8}, & 0\leqslant x\leqslant c \\ 0, & \text{其他} \end{cases}$，则 $c=$ （ ）

A. 1； B. 2； C. 3； D. 4.

5. 设随机变量 X 服从正态分布，且 $X\sim N(-3,4)$，则连续型随机变量 $Y=$________服从标准正态分布 $N(0,1)$. （ ）

A. $\frac{X-3}{4}$； B. $\frac{X+3}{4}$； C. $\frac{X-3}{2}$； D. $\frac{X+3}{2}$.

6. 已知连续型随机变量 $X\sim N(0,1)$，若概率 $P\{X<a\}=P\{X\geqslant a\}$，则 $a=$ （ ）

A. -1； B. 0； C. $\frac{1}{2}$； D. 1.

二、填空

1. 一战士射击某目标的命中率为 0.7，如果该战士连续射击了 4 次，则目标被击中两次的概率为________.

2. 某战士射击 50 m 远处的目标，命中率为 a，如果他连续射击，直到命中目标为止，用随机变量 X 表示直到射中目标的射击次数，则 $P\{X=k\}=$________.

3. 一战士射击某目标的命中率为 p，如果该战士连续射击了 n 次，则目标被击中 k 次的概率为________.

4. 若离散型随机变量 X 的概率分布见表，则 $c=$________.

4 题

X	0	1	2	3
P	c	$2c$	$4c$	c

5. 随机变量 X 服从二项分布，且 $X \sim B(2,p)$ ，若概率 $P\{X \geqslant 1\} = \frac{9}{25}$ ，则参数 $p =$ ________.

6. 若连续型随机变量 X 的概率密度为 $\varphi(x) = \begin{cases} cx^3, & 0 \leqslant x \leqslant 1 \\ 0, & \text{其他} \end{cases}$ ，则 $c =$ ________.

7. 若连续型随机变量 X 的概率密度为 $\varphi(x) = \begin{cases} k(x-1), & 1 \leqslant x \leqslant 2 \\ 0, & \text{其他} \end{cases}$ ，则 $k =$ ________.

8. 设随机变量 $X \sim N(0,1)$ ，且 $\Phi(2) = 0.977\,2$ ，则 $P\{-2 < X < 2\} =$ ________.

9. 设随机变量 $X \sim N(0,1)$ ，且 $\Phi(1) = 0.841\,3$ ，则 $P\{-1 < X < 0\} =$ ________.

10. 已知 $X \sim N(1,3^2)$ ，$\Phi(0.5) = 0.691\,5$ ，则 $P\{X > 2.5\} =$ ________.

三、计算解答

1. 设离散型随机变量 X 的概率分布为：$P\{X = 0\} = 0.1$ ，$P\{X = 1\} = 0.9$ ，求 X 的分布函数.

2. 某战机接连向同一目标炮击 2 次，记录其击中目标的次数 X . 已知该战机炮击命中率为 0.9，求随机变量 X 的分布函数.

3. 已知随机变量 X 的分布函数 $F(x) = \begin{cases} 1 - e^{-x}, & x > 0 \\ 0, & x \leqslant 0 \end{cases}$ ，求：

(1) $P\{X \geqslant 1\}$ ；(2) $P\{X \leqslant 2\}$.

4. 若随机变量 X 的概率分布见表.

4 题

X	0	1	2	3
P	c	$2c$	$3c$	$4c$

求：(1) c ；　(2) $P\{X < 3\}$ ；　(3) $P\{X \geqslant 1\}$.

5. 袋中有 5 件产品，其中 3 件正品、2 件次品，从中任取 3 件，用 X 表示所取 3 件产品中的次品数，试写出 X 的分布律.

6. 袋中有 5 件产品，其中 2 件正品，3 件次品，从中每次取出 1 件，取后不放回，直到取到正品为止，用 X 表示取出的次品数，试写出 X 的分布律.

7. 某举重运动员抓举 120 kg 的杠铃，每次成功的概率都是 0.9，如果成功了就不再举，如果失败了，可以再举，但最多举 3 次. 用 X 表示抓举的次数，A 表示他成功地举起杠铃这个事件.

(1) 写出 X 的分布律；(2) 求 $P(A)$.

8. 一批产品的废品率为 0.03. 现进行 20 次重复抽样（每次抽一件），求其中的废品数小于 2 的概率.

9. 设随机变量 X 服从参数 λ 为 3 的泊松分布，求：

(1) X 的分布律；(2) $P\{X \geqslant 2\}$ ；(3) $P\{-2 \leqslant X \leqslant 2\}$.

10. 某印刷厂的出版物每页上错别字的数目 X 服从参数 λ 为 3 的泊松分布，今任意抽取一页，求：

(1) 该页上无错别字的概率；

(2) 该页上有 2 至 3 个错别字的概率.

11. 已知随机变量 X 的概率密度 $\varphi(x) = \begin{cases} e^{-x}, & x > 0 \\ 0, & x \leqslant 0 \end{cases}$ ，求：

(1) $P\{X \leqslant 0\}$；(2) $P\{X \geqslant 1\}$.

12. 设随机变量 X 的概率密度为 $\varphi(x)=\begin{cases} xe^{-x}, & x>0 \\ 0, & x\leqslant 0 \end{cases}$，求 X 落在(0,1)内的概率.

13. 某种机器故障前正常工作的时间服从指数分布，且 $\varphi(x)=\begin{cases} \frac{1}{200}e^{-\frac{x}{200}}, & x\geqslant 0 \\ 0, & x<0 \end{cases}$，求机器能正常工作 50 到 150 小时的概率.

14. 设随机变量 $X \sim N(0,1)$，利用标准正态分布表求：

(1) $P\{1<X<2\}$；(2) $P\{X<-2\}$；(3) $P\{|X|<1\}$.

15. 设随机变量 $X \sim N(8,0.5^2)$，求 $P\{X \leqslant 9.5\}$.

16. 已知随机变量 $X \sim N(1,3^2)$，求 $P\{X>2.5\}$.

17. 某商店在店顾客人数 X 近似服从正态分布 $N(200,40^2)$，求：

(1) 在店顾客人数在 180 人以上的概率；

(2) 在店顾客人数在 100 人以下的概率.

18. 某学校一次数学考试成绩 $X \sim N(70,10^2)$，若规定低于 60 分为“不及格”，高于 80 分为“优良”，求：

(1) 数学成绩“优良”的学生占总人数的比例；

(2) 数学成绩“不及格”的学生占总人数的比例.

2.3 随机变量的数字特征

随机变量是按一定的规律来取值的. 实际上，有时并不需要了解这个规律的全貌，而只感兴趣于某些能描述随机变量某种特征的常数. 这种常数是由随机变量的分布确定的，它部分地描述了分布的性态，称这种数字为随机变量的数字特征.

2.3.1 数学期望

一组数据的平均值是了解实际问题经常需要的重要数据，如某一地区人的平均身高、人均国民生产总值、某电子器件的使用寿命等. 下面先看一个实例.

某旅以连为单位组织轻武器射击比武，为了便于排名，现需计算各连人员的射击平均成绩. 已知一连 100 名人员的射击统计成绩如表 2-10 所示，求该连射击的平均成绩.

表 2-10

成绩	45	46	47	48	49	50
人数	18	24	32	16	8	2

这个问题可以这样解答：先求出一连 100 名人员射击的总成绩，再除以 100，即得该连射击平均成绩为

$$\frac{45\times 18+46\times 24+47\times 32+48\times 16+49\times 8+50\times 2}{100}=46.78$$

这个问题也可以换一种方法解答：用 X 表示该连人员射击成绩的分数，则 X 是一随

机变量. 再用频率作为概率的估计值,那么 X 的概率分布如表 2-11 所示.

表 2-11

X	45	46	47	48	49	50
P	18/100	24/100	32/100	16/100	8/100	2/100

则可以这样计算平均数:

$$45\times\frac{18}{100}+46\times\frac{24}{100}+47\times\frac{32}{100}+48\times\frac{16}{100}+49\times\frac{8}{100}+50\times\frac{2}{100}=46.78$$

后一种解法就用到了数学期望的概念. 下面给出离散型随机变量数学期望的定义.

定义 2.3.1 设离散型随机变量 X 的分布律为 $P\{X=x_k\}=p_k$,$k=1,2,\cdots$,则称和式 $\sum_k x_k p_k$ 为随机变量 X 的**数学期望**,记为 $E(X)$,即

$$E(X)=\sum_k x_k p_k .$$

又若 $f(X)$ 是随机变量 X 的函数,则 $f(X)$ 也是一个随机变量,其数学期望定义为

$$E[f(X)]=\sum_k f(x_k)p_k .$$

注:严格地说, $\sum_k x_k p_k$, $\sum_k f(x_k)p_k$ 要绝对收敛,数学期望才存在.

例 2.3.1 设随机变量 X 的概率分布如表 2-12 所示.

表 2-12

X	-1	0	2	3
P	1/8	1/4	3/8	1/4

求: $E(X)$; $E(X^2)$; $E(-2X+1)$.

解 $E(X)=(-1)\times\frac{1}{8}+0\times\frac{1}{4}+2\times\frac{3}{8}+3\times\frac{1}{4}=\frac{11}{8}$;

$E(X^2)=(-1)^2\times\frac{1}{8}+0^2\times\frac{1}{4}+2^2\times\frac{3}{8}+3^3\times\frac{1}{4}=\frac{31}{8}$;

$E(-2X+1)=3\times\frac{1}{8}+1\times\frac{1}{4}-3\times\frac{3}{8}-5\times\frac{1}{4}=-\frac{14}{8}=-\frac{7}{4}$.

例 2.3.2 某商店经销两个企业生产的电灯泡,其使用寿命分别用随机变量 X 与 Y (单位:小时)表示,经过检测,其概率分布如表 2-13 所示,试比较这两家企业生产的电灯泡的质量(平均寿命).

表 2-13

X , Y	850 以下 (800)	850~950 (900)	950~1 050 (1 000)	1 050~1 150 (1 100)	1 150 以上 (1 200)
P_X	0.1	0.4	0.2	0.2	0.1
P_Y	0.2	0.1	0.4	0.1	0.2

解 平均寿命是衡量灯泡质量的一个重要指标,可用其数学期望值进行比较.

$E(X)=800\times0.1+900\times0.4+1\,000\times0.2+1\,100\times0.2+1\,200\times0.1=980$,

$E(Y)=800\times0.2+900\times0.1+1\,000\times0.4+1\,100\times0.1+1\,200\times0.2=1\,000$.

对比可知第二个企业生产的灯泡质量较好.

例 2.3.3 证明:

(1) 二项分布 $X\sim B(n,p)$ 的数学期望 $E(X)=np$;

(2) 泊松分布 $X\sim P(\lambda)$ 的数学期望 $E(X)=\lambda$.

证 (1)对于二项分布 $X\sim B(n,p)$,由于

$$P\{X=k\}=\mathrm{C}_n^k p^k(1-p)^{n-k},(k=0,1,\cdots,n),$$

所以

$$\begin{aligned}E(X)&=\sum_{k=0}^{n}k\mathrm{C}_n^k p^k(1-p)^{n-k}=\sum_{k=0}^{n}k\frac{n!}{k!(n-k)!}p^k(1-p)^{n-k}\\&=\sum_{k=1}^{n}\frac{n(n-1)!}{(k-1)![(n-1)-(k-1)]!}pp^{k-1}(1-p)^{(n-1)-(k-1)}\\&=np\sum_{k=1}^{n-1}\mathrm{C}_{n-1}^{k-1}p^{k-1}(1-p)^{(n-1)-(k-1)}\qquad(*)\\&=np[p+(1-p)]^{n-1}=np.\end{aligned}$$

注意:上面推理中的第(*)步也可利用分布律的性质 $\sum P_k=1$ 得出,因为

$$\sum_{k=1}^{n-1}\mathrm{C}_{n-1}^{k-1}p^{k-1}(1-p)^{(n-1)-(k-1)}=\sum_{i=0}^{m}\mathrm{C}_m^i p^i(1-p)^{m-i}=1,$$

(其中令 $k-1=i,n-1=m$).

(2)对于泊松分布 $X\sim P(\lambda)$,由于

$$P\{X=k\}=\frac{\lambda^k}{k!}\mathrm{e}^{-\lambda}(k=0,1,2,\cdots),$$

所以

$$E(X)=\sum_{k=0}^{\infty}k\frac{\lambda^k}{k!}\mathrm{e}^{-\lambda}=\sum_{k=1}^{\infty}\frac{\lambda\lambda^{k-1}}{(k-1)!}\mathrm{e}^{-\lambda}=\lambda\sum_{k=1}^{\infty}\frac{\lambda^{k-1}}{(k-1)!}\mathrm{e}^{-\lambda}=\lambda.$$

注意:上面推理中的最后一步是直接利用分布律的性质 $\sum P_k=1$ 得出的.

定义 2.3.2 设连续型随机变量 X 的概率密度为 $\varphi(x)$,则 X 的数学期望定义为

$$E(X)=\int_{-\infty}^{+\infty}x\varphi(x)\mathrm{d}x.$$

又若 $f(X)$ 是随机变量 X 的函数,则 $f(X)$ 也是一个随机变量,其数学期望定义为

$$E[f(X)]=\int_{-\infty}^{+\infty}f(x)\varphi(x)\mathrm{d}x.$$

注:严格地说,$\int_{-\infty}^{+\infty}x\varphi(x)\mathrm{d}x$,$\int_{-\infty}^{+\infty}f(x)\varphi(x)\mathrm{d}x$ 要绝对收敛,数学期望才存在.

例 2.3.4 设 X 的概率密度为 $\varphi(x)=\begin{cases}2x, 0\leqslant x\leqslant 1\\ 0,其他\end{cases}$，求 $E(X)$.

解 由数学期望的定义，有

$$E(X)=\int_{-\infty}^{+\infty}x\varphi(x)\mathrm{d}x=\int_{0}^{1}x\cdot 2x\mathrm{d}x=\frac{2}{3}x^{3}\Big|_{0}^{1}=\frac{2}{3}.$$

例 2.3.5 设 $X\sim U(0,2)$，求 $E(X)$，$E(X^2)$.

解 因为 X 的概率密度为 $\varphi(x)=\begin{cases}\frac{1}{2}, 0\leqslant x\leqslant 2\\ 0,其他\end{cases}$，所以

$$E(X)=\int_{-\infty}^{+\infty}x\varphi(x)\mathrm{d}x=\int_{0}^{2}\frac{1}{2}x\mathrm{d}x=\frac{1}{4}x^{2}\Big|_{0}^{2}=1.$$

$$E(X^2)=\int_{-\infty}^{+\infty}x^2\varphi(x)\mathrm{d}x=\int_{0}^{2}\frac{1}{2}x^2\mathrm{d}x=\frac{1}{6}x^{3}\Big|_{0}^{2}=\frac{4}{3}.$$

例 2.3.6 设 $X\sim N(\mu,\sigma^2)$，求 $E(X)$.

解 因为 X 的概率密度为 $\varphi(x)=\frac{1}{\sqrt{2\pi}\sigma}\mathrm{e}^{-\frac{(x-\mu)^2}{2\sigma^2}}$，所以

$$E(X)=\int_{-\infty}^{+\infty}x\varphi(x)\mathrm{d}x=\int_{-\infty}^{+\infty}x\frac{1}{\sqrt{2\pi}\sigma}\mathrm{e}^{-\frac{(x-\mu)^2}{2\sigma^2}}\mathrm{d}x.$$

令 $\frac{x-\mu}{\sigma}=t$，得

$$\begin{aligned}E(X)&=\frac{1}{\sqrt{2\pi}}\int_{-\infty}^{+\infty}(\sigma t+\mu)\mathrm{e}^{-\frac{t^2}{2}}\mathrm{d}t\\&=\frac{\sigma}{\sqrt{2\pi}}\int_{-\infty}^{+\infty}t\mathrm{e}^{-\frac{t^2}{2}}\mathrm{d}t+\frac{\mu}{\sqrt{2\pi}}\int_{-\infty}^{+\infty}\mathrm{e}^{-\frac{t^2}{2}}\mathrm{d}t=0+\mu=\mu.\end{aligned}$$

从这个例子看出，正态分布 $X\sim N(\mu,\sigma^2)$ 中的参数 μ 就是 X 的数学期望.

数学期望具有如下性质：

(1) $E(c)=c$（c 为常数）；

(2) $E(aX+b)=aE(X)+b$（a,b 为常数）；

(3) $E(X\pm Y)=E(X)\pm E(Y)$（X、Y 是两个随机变量）；

(4) $E(XY)=E(X)E(Y)$（X、Y 是两个相互独立的随机变量）.

2.3.2 方差和标准差

随机变量的数学期望就是随机变量所有可能取值的平均值. 但是，两个平均值相等的随机变量所有可能取值的情况可能不同. 例如，甲、乙两名战士进行射击比赛，各射击 10 发子弹，成绩依次为

甲：10，9，10，9，7，7，10，9，9，8

乙：9，9，8，9，9，9，8，9，9，9

容易算出,两人的平均成绩都是8.8环. 但是,直观可以看出,乙的成绩比较稳定.

类似这样的问题很多,这说明,仅仅知道随机变量的数学期望是不够的,还需要知道随机变量所有可能取值相对于数学期望的偏差程度.

定义 2.3.3 设 X 为随机变量,称 $E[X-E(X)]^2$ 为 X 的方差,记作 $D(X)$ 或 $\sigma^2(X)$,即

$$D(X)=E[X-E(X)]^2.$$

实际应用中经常使用 $\sqrt{D(X)}$,并将它记作 $\sigma(X)$,称为 X 的**标准差或均方差**.

按照数学期望的性质,由于 $E(X)$ 是一个常数,因此

$$\begin{aligned} D(X) &= E[X-E(X)]^2 \\ &= E[X^2-2E(X)X+[E(X)]^2] \\ &= E(X^2)-2E(X)E(X)+[E(X)]^2 \\ &= E(X^2)-[E(X)]^2. \end{aligned}$$

这个表达式常用来计算 $D(X)$.

例 2.3.7 设 X 的概率分布为:$P\{X=0\}=\frac{1}{4}$,$P\{X=1\}=\frac{1}{2}$,$P\{X=2\}=\frac{1}{4}$.

求:$E(X)$,$E(X^2)$,$D(X)$,$\sqrt{D(X)}$.

解

$$E(X)=0\times\frac{1}{4}+1\times\frac{1}{2}+2\times\frac{1}{4}=1.$$

$$E(X^2)=0^2\times\frac{1}{4}+1^2\times\frac{1}{2}+2^2\times\frac{1}{4}=\frac{3}{2}.$$

$$D(X)=E(X^2)-[E(X)]^2=\frac{3}{2}-1^2=\frac{1}{2}.$$

$$\sqrt{D(x)}=\sqrt{\frac{1}{2}}=\frac{\sqrt{2}}{2}.$$

例 2.3.8 设 $X\sim U(a,b)$,求 $E(X)$,$E(X^2)$,$D(X)$,$\sqrt{D(X)}$.

解 因为 X 的概率密度为 $\varphi(x)=\begin{cases}\frac{1}{b-a}, & a\leqslant x\leqslant b\\ 0, & 其他\end{cases}$,所以

$$E(X)=\int_{-\infty}^{+\infty}x\varphi(x)\mathrm{d}x=\int_a^b\frac{x}{b-a}\mathrm{d}x=\frac{1}{b-a}\cdot\frac{1}{2}x^2\Big|_a^b=\frac{a+b}{2}.$$

$$E(X^2)=\int_{-\infty}^{+\infty}x^2\varphi(x)\mathrm{d}x=\int_a^b\frac{x^2}{b-a}\mathrm{d}x=\frac{1}{b-a}\cdot\frac{1}{3}x^3\Big|_a^b=\frac{b^2+ab+a^2}{3}.$$

$$D(X)=E(X^2)-[E(X)]^2=\frac{b^2+ab+a^2}{3}-\left(\frac{a+b}{2}\right)^2=\frac{(b-a)^2}{12},$$

$$\sqrt{D(X)}=\sqrt{\frac{(b-a)^2}{12}}=\frac{b-a}{2\sqrt{3}}.$$

例 2.3.9 设 $X\sim N(\mu,\sigma^2)$,求 $D(X)$ 和 $\sqrt{D(X)}$.

解 前面例2.3.2中已求得 $E(X)=\mu$,利用方差的定义,有

$$D(X)=E[X-E(X)]^2=\int_{-\infty}^{+\infty}(x-\mu)^2\varphi(x)\mathrm{d}x$$
$$=\int_{-\infty}^{+\infty}(x-\mu)^2\frac{1}{\sqrt{2\pi}\sigma}\mathrm{e}^{-\frac{(x-\mu)^2}{2\sigma^2}}\mathrm{d}x.$$

令 $\frac{x-\mu}{\sigma}=t$，得

$$D(X)=\frac{\sigma^2}{\sqrt{2\pi}}\int_{-\infty}^{+\infty}t^2\mathrm{e}^{-\frac{t^2}{2}}\mathrm{d}t=-\frac{\sigma^2}{\sqrt{2\pi}}\int_{-\infty}^{+\infty}t\mathrm{d}\mathrm{e}^{-\frac{t^2}{2}}$$
$$=-\frac{\sigma^2}{\sqrt{2\pi}}t\mathrm{e}^{-\frac{t^2}{2}}\Big|_{-\infty}^{+\infty}+\frac{\sigma^2}{\sqrt{2\pi}}\int_{-\infty}^{+\infty}\mathrm{e}^{-\frac{t^2}{2}}\mathrm{d}t=0+\sigma^2=\sigma^2$$
$$\sqrt{D(X)}=\sqrt{\sigma^2}=\sigma.$$

从这个例子看出，正态分布 $X\sim N(\mu,\sigma^2)$ 中的参数 σ^2 就是 X 的方差.

方差具有如下性质：

(1) $D(c)=0$（c 为常数）；

(2) $D(aX+b)=a^2D(X)$（a,b 为常数）；

(3) $D(X+Y)=D(X)+D(Y)$（X、Y 是两个相互独立随机变量）.

为便于读者查阅，我们把常见分布的数学期望和方差列在表 2-14 中.

表 2-14

分布		数学期望	方差
离散型	二项分布：$X\sim B(n,p)$	$E(X)=np$	$D(X)=np(1-p)$
	泊松分布：$X\sim P(\lambda)$	$E(X)=\lambda$	$D(X)=\lambda$
连续型	均匀分布：$X\sim U(a,b)$	$E(X)=(a+b)/2$	$D(X)=(b-a)^2/12$
	指数分布：$X\sim E(\lambda)$	$E(X)=1/\lambda$	$D(X)=1/\lambda^2$
	正态分布：$X\sim N(\mu,\sigma^2)$	$E(X)=\mu$	$D(x)=\sigma^2$

最后介绍两个现实中应用数学期望和方差的例子.

例 2.3.10 某工厂流水生产线在一天内发生故障的概率为 0.2，流水生产线发生故障时全天停止生产，若一周 5 个工作日里无故障，可获利 100 万元；发生一次故障仍可获利润 50 万元；发生两次故障获利润 0 万元；发生三次及以上故障就要亏损 20 万元. 求该工厂一周内的期望利润.

解 求一周内的期望利润，关键需要搞清楚两点：一是利润值有哪些；二是取得这些利润的概率. 为此，用随机变量 X 表示一周内获得利润的取值，则 X 的分布律可表示为表 2-15 所示.

表 2-15

X	100	50	0	-20
P	$0.8^5=0.3277$	$C_5^1 0.2\cdot 0.8^4=0.4096$	$C_5^2 0.2^2\cdot 0.8^3=0.2048$	$C_5^3 0.2^3\cdot 0.8^2+C_5^4 0.2^4\cdot 0.8^1+0.2^5=0.0579$

所以

$$E(X)=100\times0.3277+50\times0.4096+0\times0.2048-20\times0.0579=52.09.$$

即该工厂一周内的期望利润是52.09万元.

例2.3.11 甲、乙两人在同样条件下每天生产同样数量的同种产品. 已知甲、乙两人每天出次品件数分别为 X 和 Y，其分布律如表2-16所示，试评定甲、乙两人的技术高低.

表2-16

X	0	1	2	3
P_X	0.3	0.3	0.2	0.2
Y	0	1	2	3
P_Y	0.1	0.5	0.4	0

解 依次算出两人每天出次品件数的数学期望和方差：

$$E(X)=0\times0.3+1\times0.3+2\times0.2+3\times0.2=1.3,$$

$$E(Y)=0\times0.1+1\times0.5+2\times0.4+3\times0=1.3,$$

$$D(X)=(0-1.3)^2\times0.3+(1-1.3)^2\times0.3+(2-1.3)^2\times0.2+(3-1.3)^2\times0.2=1.21,$$

$$D(Y)=(0-1.3)^2\times0.1+(1-1.3)^2\times0.5+(2-1.3)^2\times0.4+(3-1.3)^2\times0=0.41.$$

可以看出，$E(X)=E(Y)$，$D(X)>D(Y)$. 这表明：虽然甲、乙两人每天出次品件数的数学期望是一样的，但乙的生产质量比较稳定，甲的生产质量时好时坏，波动较大.

练习与作业2-3

一、选择

1. 已知随机变量 X 的概率密度 $\varphi(x)=\dfrac{1}{3\sqrt{2\pi}}e^{-\frac{(x+1)^2}{18}}$，则 $E(X)$，$D(X)$ 为 ( )

A. 1,9； B. −1,9； C. 0,3； D. 3,9.

2. 已知随机变量 X 的概率密度 $\varphi(x)=\dfrac{1}{2\sqrt{2\pi}}e^{-\frac{(x-1)^2}{8}}$，则 X 服从________分布 ( )

A. $N(1,2)$； B. $N(-1,2)$； C. $N(1,4)$； D. $N(2,1)$.

3. 已知 $X\sim N(4,9)$，则 $E(X)D(X)=$ ( )

A. 6； B. 12； C. 18； D. 36.

4. 已知 $X\sim N(10,4)$，则 $D(3X+1)=$ ( )

A. 9； B. 4； C. 36； D. 37.

5. 若随机变量 X 的数学期望 $E(X)=3$，方差 $D(X)=4$，则 $E(X^2)=$ ( )

A. 7； B. 1； C. 13； D. 5.

6. 若随机变量 X 的数学期望 $E(X)=2$，方差 $D(X)=3$，则 $E(X^2)=$ ( )

A. 5； B. 7； C. 11； D. 13.

二、填空

1\. 设随机变量 X 的分布律为

X	-1	0	2	5
p_k	0.3	0.1	0.4	0.2

,则 $E(X)=$ ________.

2\. 设随机变量 X 的分布律为

X	-1	0	2	5
p_k	0.3	0.1	0.4	0.2

,则 $E(2X)=$ ________.

3\. 已知 $E(X)=3$,则 $E(3X+2)=$ ________.

4\. 设随机变量 X 的概率密度为 $\varphi(x)=\begin{cases}2x, & 0\leqslant x\leqslant 1\\ 0, & 其他\end{cases}$,则 $E(X^2)=$ ________.

5\. 设随机变量 $X\sim U(-1,1)$,则 $D(X)=$ ________.

6\. 设随机变量 X 的分布律为

X	1	2	3
p_k	0.2	0.3	0.5

,则 $D(X)=$ ________.

三、计算解答

1\. 设随机变量 X 的分布律为

X	-2	0	2
p_k	0.4	0.3	0.3

,求:

(1) $E(X)$;(2) $E(X^2)$;(3) $E(3X^2+5)$.

2\. 设随机变量 $X\sim U(0,10)$,求:

(1) $E(X)$;(2) $D(X)$;(3) $P\{1\leqslant X\leqslant 3\}$.

3\. 设随机变量 X 的概率密度为 $\varphi(x)=\begin{cases}1-0.5x, & 0<x<2\\ 0, & 其他\end{cases}$,求:

(1) $E(X)$;(2) $D(X)$.

4\. 已知 X 的概率密度为 $\varphi(x)=\begin{cases}3x^2, & 0<x<1\\ 0, & 其他\end{cases}$,求:

(1) $E(X)$;(2) $D(X)$.

课后品读:正确认识生活中的小概率事件

所谓小概率事件,是指概率很小的随机事件.要小到什么程度才算是小概率事件呢?通常没有具体规定,不同的情况有着不同的指标,人们大多是用 0.01 或 0.05 这两个数值来界定,即事件发生的概率小于或者低于 0.01 或 0.05,就认为是小概率事件.正确认识小概率事件,可以帮助我们提高思想认识和解决一些难题.

一、你买的彩票能中奖吗

市面上彩票林林总总,诸如体育彩票、足球彩票、双色球、大乐透、七星彩、刮刮乐等等,种类繁多,品种多样.很多人把一夜暴富的筹码押到了购买彩票上面.他们几乎每期必买,甚至有些人还斥巨资购买很多注彩票,企图通过这种方法提高中奖概率从而中得大奖,而实际却往往事与愿违,中奖的概率似乎并没有因为他们的"执着"而变大.那么究竟彩票的中奖概率有多大呢?我们不妨举一种彩票的实例来看看.

有一种体育彩票的玩法规则是:2元钱购买一张彩票,每张彩票需要填写一个6位数字和一个特别号码,这6位数字每位数字均可填写0至9这10个数字中的一个,特别号码则可以填写0至4这5个数字中的一个.每期彩票设五个奖项,开奖号码由电脑随机产生,中奖规则如表2-17所示.

表2-17

中奖级别	中奖规则
特等奖	填写的6位数字与特别号码跟开奖的号码内容及顺序完全相同
一等奖	填写的6位数字与开奖的号码内容及顺序完全相同,特别号码不同
二等奖	6位数字中有5个连续数字与开奖号码相同且位置一致
三等奖	6位数字中有4个连续数字与开奖号码相同且位置一致
四等奖	6位数字中有3个连续数字与开奖号码相同且位置一致

通过计算很容易得到各奖项的中奖率为:

特等奖:$p_0=\dfrac{1}{10^6\times 5}=0.000\,000\,2$,

一等奖:$p_1=\dfrac{4}{10^6\times 5}=0.000\,000\,8$,

二等奖:$p_2=\dfrac{9\times 5+9\times 5}{10^6\times 5}=\dfrac{90}{10^6\times 5}=0.000\,018$,

三等奖:$p_3=\dfrac{9\times 10\times 5+9\times 9\times 5+10\times 9\times 5}{10^6\times 5}=\dfrac{1\,305}{10^6\times 5}=0.000\,261$,

四等奖:$p_3=\dfrac{9\times 10\times 10\times 5+9\times 9\times 10\times 5+10\times 9\times 9\times 5+10\times 10\times 9\times 5}{10^6\times 5}$

$$=\frac{17\,100}{10^6\times 5}=0.00\,342.$$

从以上计算的结果可以看出,彩票中奖是一个小概率事件,即便是最低的四等奖,中奖概率也只有千分之三左右,而特等奖的中奖概率更是等同于大海捞针.因此,买彩票只是一种茶余饭后娱乐消遣的方式,期望通过购买彩票而实现发财致富的梦想是不理智的,也是不现实的.我们一定要端正价值取向,根除"不劳而获""一夜暴富"等错误认识,在购买彩票时,要本着理性平和的心态,把它仅仅当作一种娱乐和公益活动,这样才能不失彩票本身的意义.

二、理性看待坠机事故

坠机是一件非常可怕的事情,我们有时会在新闻中听到某某航空公司的航班发生坠机事故,机上乘客和机组人员全部遇难,骇人听闻.但是有人又将飞机称作最安全的交通工具,因为与其他交通工具比起来,飞机发生事故的概率最低.根据不完全统计,飞机发生重大事故的概率约为一百万分之一,的确算得上小概率事件.

“一百万”是一个什么概念呢？就是如果每天都坐一次飞机，需要大约三千年才能坐够一百万次. 但我们显然不能通过这种简单的计算说明三千年才会遇上一次飞机事故，这样是非常不严谨的，而要通过概率来阐述飞机的安全性.

假设一个人一生中每周都要坐一次飞机，按照平均寿命 80 年计算，这个人一生要乘坐 4 160 次飞机，这个数字对于大多数人来说已经非常高了. 我们很容易计算出这个人一生平安飞行的概率为：

$$p_0=\left(1-\frac{1}{1\ 000\ 000}\right)^{4\ 160}\approx 0.995\ 8\ .$$

从计算结果可以看出，即便每周都要坐飞机，连续乘坐 80 年的情况下，仍然有相当高的概率始终不会遇上飞机事故，所以说乘坐飞机还是很安全的. 对于一般人来说，恐怕只有在长途旅行和偶尔出差的时候会乘坐飞机，因此一生中乘飞机的次数要少得多，即便平均每个月都会乘坐一次飞机，同样按照乘坐 80 年进行计算，一共需要乘坐 960 次飞机，其平安飞行的概率为：

$$p_0=\left(1-\frac{1}{1\ 000\ 000}\right)^{960}\approx 0.999\ 0\ .$$

这个结果告诉我们，普通人即便乘坐近千次飞机，发生事故的概率也只有千分之一. 人们之所以对乘坐飞机的安全性有所担心，主要是因为飞机一旦发生事故，人员生存的可能性很小. 因此，有不少人杜绝乘坐飞机，而宁愿选择速度更慢的火车或者其他交通工具. 其实，这种担心是没必要的.

三、揭穿摸奖骗局

我们经常在街边碰到免费摸奖的活动，其实很多这样的活动都是骗局，为什么说它是骗局呢？我们不妨举两个实例来分析一下.

实例一：某厂商为了推销某种水货商品，特设立免费摸奖游戏，规则是：一个袋子中有 20 个球，其中 10 个球标有 5 分值，另外 10 个球标有 10 分值，摸奖者从袋中任意摸出 10 个球，如果这 10 个球的分值之和分别是 50，55，60，90，95，100，则可获取奖品一个，如果是其他分值，则必须掏钱购买厂商的一件商品. 由于不花钱摸奖，很多人都驻足一试，然而得奖的人几乎没有，而大多数人则不得不花钱购买商品回家，这是为什么呢？

我们这样来分析：用 A_k 表示摸出的 10 个球中有 k 个球是 5 分值的事件，那么 10 分值的球就有 $10-k$ 个，则事件 A_k 代表的分值就为

$$5k+10(10-k)=100-5k\ .$$

由于中奖的分值分别为 50，55，60，90，95，100，即 $100-5k$ 等于 50，55，60，90，95，100 这 6 个分值中的一个则中奖，因此 k 的值分别为 10、9、8、2、1、0，所以中奖的情况有以下 6 种：

(1) 摸出的 10 个球全是 5 分球：概率为 $\frac{C_{10}^{10}}{C_{20}^{10}}$；

(2) 摸出的 10 个球有 9 个 5 分球，1 个 10 分球：概率为 $\frac{C_{10}^{9}C_{10}^{1}}{C_{20}^{10}}$；

(3) 摸出的 10 个球有 8 个 5 分球,2 个 10 分球:概率为 $\frac{C_{10}^{8}C_{10}^{2}}{C_{20}^{10}}$;

(4) 摸出的 10 个球有 2 个 5 分球,8 个 10 分球:概率为 $\frac{C_{10}^{2}C_{10}^{8}}{C_{20}^{10}}$;

(5) 摸出的 10 个球有 1 个 5 分球,9 个 10 分球:概率为 $\frac{C_{10}^{1}C_{10}^{9}}{C_{20}^{10}}$;

(6) 摸出的 10 个球全是 10 分球:概率为 $\frac{C_{10}^{10}}{C_{20}^{10}}$.

如果用 A 表示中奖事件,那么中奖事件的概率为:

$$P(A)=\frac{C_{10}^{10}}{C_{20}^{10}}+\frac{C_{10}^{9}C_{10}^{1}}{C_{20}^{10}}+\frac{C_{10}^{8}C_{10}^{2}}{C_{20}^{10}}+\frac{C_{10}^{2}C_{10}^{8}}{C_{20}^{10}}+\frac{C_{10}^{1}C_{10}^{9}}{C_{20}^{10}}+\frac{C_{10}^{10}}{C_{20}^{10}}=0.000\,767 .$$

由此可见,这是一个小概率事件,可以说中奖几乎不可能,厂商肯定会赚钱,所以厂商才会选择和我们玩这样一种所谓的"免费"摸奖游戏,其实质是一场让玩游戏的人消费的骗局.

实例二:某地摊搞了个摸棋子游戏活动,游戏规则是:在一个盒子里装 12 个象棋棋子,其中 6 个是红色的"兵",另外 6 个是黑色的"卒",游戏参与者免费从盒子里面随机摸出 6 个棋子,奖项设置如表 2-18 所示.

表 2-18

中奖级别	中奖规则	奖项
特等奖	填写的 6 位数字与特别号码跟开奖的号码内容及顺序完全相同	免费获得 50 元
一等奖	填写的 6 位数字与开奖的号码内容及顺序完全相同,特别号码不同	免费获得 10 元
二等奖	6 位数字中有 5 个连续数字与开奖号码相同且位置一致	免费再来一次
三等奖	6 位数字中有 4 个连续数字与开奖号码相同且位置一致	仅需 10 元换购价值 30 元的进口沐浴套装

乍一听,在所有的摸奖结果里只有一种结果需要花钱买东西,听起来好像稳赚不赔,可实际情况却大相径庭,大多数游戏的参与者最后都乖乖地掏钱买了所谓的进口套装商品,这个所谓的进口商品只是一个包装上全是英文的三无产品,价值不超过两元钱.其实出现这个貌似出人意料的结果并不奇怪,我们简单算算中奖概率就能揭穿这个骗局.

容易算出各奖项的中奖率为:

特等奖: $p_0=\frac{2}{C_{12}^{6}}=0.002\,165=0.216\,5\%$,

一等奖: $p_1=\frac{C_6^5C_6^1+C_6^1C_6^5}{C_{12}^{6}}=0.077\,922=7.792\,2\%$,

二等奖: $p_2=\frac{C_6^4C_6^2+C_6^2C_6^4}{C_{12}^{6}}=0.487\,013=48.701\,3\%$,

三等奖: $p_3=\frac{C_6^3C_6^3}{C_{12}^{6}}=0.432\,900=43.290\,0\%$.

从计算结果不难看出，超过九成的参与者大概率会抽到二等奖和三等奖，只有一小部分的参与者可能会抽到最终免费得到奖金的特等奖和一等奖，也就是说想要免费得到奖金这件事也是小概率事件.

进一步我们来算算这个游戏中骗子能赚得多少钱？如果我们假设有100个人参与游戏的话，大概率有0.216 5个人抽到特等奖，7.792 2个人抽到一等奖，48.701 3个人抽到二等奖，43.290 0个人抽到三等奖，商家会赚得

$$(-50)\times 0.2165+(-10)\times 7.7922+0\times 48.7013+8\times 43.2900\approx 257.58\text{（元）}.$$

由此看出，这种看起来稳赚不赔的游戏背后竟然也隐藏着一个陷阱，所以，小便宜还是不要贪图为好.

其实生活中我们会遇到很多类似上面的“骗局”，我们必须正确认识小概率事件，才不会“上当受骗”.

四、小概率事件原理及其应用简谈

小概率事件发生的概率很小，它在一次实验中实际几乎是不会发生的，在数学上，我们称这个原理为小概率事件原理. 小概率事件原理有着非常好的实际应用价值. 其应用思路是：若事件A是小概率事件，但在一次或少数次实验中小概率事件A居然发生了，就有理由认为情况不正常. 下面通过一个实例说明.

例如，我们要对某产品进行质量检查，厂家声称该产品的次品率不超过0.001，低于国家规定的标准. 现抽取了20件该产品进行检查，结果发现了1件次品，那我们能相信此产品的次品率不超过0.001吗？

我们可以这样来分析：首先，我们假设该产品的次品率为0.001. 因为每抽检1件产品只有两种结果，要么是次品要么不是次品，因此，若用X表示抽出的次品件数，则X服从二项分布，即$X\sim B(20,0.001)$. 所以抽取20件产品中出现1件次品的概率为

$$P\{X=1\}=C_{20}^{1}\,0.001^{1}\,(1-0.001)^{19}=0.01962\,.$$

由此可知，抽取20件产品出现1件次品的概率很小. 根据小概率原理可知，概率很小的事件在一次试验中发生的可能性很小，可以说不可能发生. 但是，抽取20件产品检查就发现了1件次品，这个事件居然发生了，所以我们不能相信该产品的次品率不超过0.001.

通过这篇材料我们了解到，生活中其实还有很多类似的小概率事件，虽然看似很简单，但如果我们不细心推断，就会被“欺骗”. 所以，掌握小概率事件及其原理对于日常生活是很有实用价值的.

第3章 数学实验

课前导读:"天问一号"登陆火星,国人自豪,世界惊叹!

2021年5月15日7时18分,距离地球3.2亿千米之外,历经9个多月的长途跋涉,经历惊心动魄的"9分钟"后,中国火星探测器"天问一号"成功实现火星表面软着陆,稳稳落在火星乌托邦平原南部预选着陆区.这是振奋人心的场景,这是令人自豪的时刻.习近平主席在贺电中指出:"'天问一号'探测器着陆火星,迈出了我国星际探测征程的重要一步,实现了从地月系到行星际的跨越,在火星上首次留下中国人的印迹,这是我国航天事业发展的又一具有里程碑意义的进展."

"天问一号"探测器踏上遥远的红色星球,彰显了中国航天人执着勇毅的探索精神.火星探测风险高、难度大,长途星际飞行存在不确定性.尤其是着陆火星面临巨大风险考验,在仅有五成左右成功率的人类火星探测任务中,火星着陆是失败率最高的阶段.稀薄而不稳定的火星大气,复杂的火星表面地形,极其严重的火星尘暴,再加上通信延迟,"天问一号"探测器经历了此次探火旅程中最为艰难的"9分钟".中国航天器首次登陆火星,就毫发未损过关,令世界惊叹.这背后,是地外行星软着陆等一系列关键技术的保驾护航;这短短几分钟,凝结着中国航天人昼夜不息的攻坚克难、卓越创新.

"火星你好,中国来了!""为祖国航天人点赞"……"天问一号"探测器登陆火星之时,互联网上一片沸腾,写满对中国航天人的致敬,洋溢着中华儿女的自豪.火星已在脚下,梦想又一次脚踏实地;星辰大海在招手,中国航天人再次进发.

"天问一号"探测器成功登陆火星的消息一经发布,立即引发外媒广泛关注.环绕、着陆、巡视,通过一次发射实现"绕、着、巡"三大任务,这在世界航天史上尚属首次."里程碑""巨大飞跃""辉煌时刻"等字眼,高频出现在外媒对中国登陆火星的报道中.

美国《华尔街日报》网站称,中国登陆火星是其太空计划的高光时刻."天问一号"探测器成功在火星着陆,使中国成为继苏联和美国之后第三个登陆火星的国家,也在太空探索的最前沿实现了里程碑式的重大突破.

《科学美国人》月刊网站刊文称,登陆火星是中国雄心勃勃的太空计划取得的最新尖峰成就.中国证明了自己的奋斗精神.现在,"天问一号"的成功已经证明,中国是一个娴熟的星际探索者,一些更大胆的项目可能即将推出.

著名科学杂志《自然》援引意大利科学家奥罗塞的话称,中国成功登陆火星,在一次任务中就完成了美国国家航空航天局此前花费数十年、历经多次任务才实现的目标."中国航天部门为中国共产党建党百年送上一份百岁生日大礼——一台火星车."

美国有线电视新闻网刊文称,成功登陆火星是中国历史上的一个辉煌时刻.这不仅展示了中国不断增强的航天能力,还适时地提醒世人关注中华人民共和国成立以来取得的巨大发展成就.

美国广播公司称,中国探测器首次成功着陆火星,这一技术上具有挑战性的壮举比登陆月球要更复杂和困难.

英国广播公司网站报道称,中国"天问一号"探测器成功着陆火星是"了不起的成就",因为这项任务极其艰巨.

西班牙《国家报》网站报道,此前还没有任何国家完成过如此复杂的火星探测任务.在载入和着陆方面,中国展现出了非凡的技术成熟度.这也得益于中国从探月任务中获得的技术经验.

"对火星的探测,并不是中国太空探索的极限."俄新社报道称,中国探索火星计划的下一步可能是在2030年左右再次发射探测器,将火星土壤样本送回地球.到2050年,中国科学家有望实施载人火星飞行计划,目前准备工作已经在进行中.除了登陆火星外,中国正在建设自己的轨道空间站.据透露,到2049年中华人民共和国成立100周年之际,中国计划将太空探测器发射到距地球约150亿千米的太阳系边缘进行科学研究.

"德国之声"援引中国官方媒体的评论称,中国将为致力于"揭开宇宙的奥秘,为人类和平利用太空做出贡献".

……

"'天问一号'登陆火星"是一个绝对的高科技,离不开复杂的数学计算,更离不开数学计算软件的使用.当前,数学计算软件越来越多,功能也越来越强.有了这些强大数学计算软件的助力,人类科学技术就会不断发展和进步.对于军士学员来说,学习一些数学计算软件的使用,掌握利用软件实现数学复杂计算的方法,能够开阔视野、拓展思维,进而提高动手实践操作能力.

鉴于此,本章数学实验主要简单介绍如何利用MATLAB软件和EXCEL软件实现线性代数、概率论中的一些基本运算.

3.1 认识MATLAB软件

实验目的:

(1) 熟悉MATLAB软件的基本操作;

(2) 掌握MATLAB作为计算器的应用方法;

(3) 会用函数化简命令;

(4) 学习MATLAB一元函数绘图命令.

3.1.1 MATLAB环境及使用方法

1. MATLAB软件介绍

MATLAB是矩阵实验室(Matrix Laboratory)的简称,是美国Math Works公司开发的一款商业软件,主要用于数据计算、分析可视化等.该软件起源于20世纪70年代后期,时任美国新墨西哥大学计算机系主任的克里夫·莫勒博士在讲授“线性代数”课程时,发现应用某些高级语言极为不便,于是他和他的同事构思并为学生设计了一组调用LINPACK和EISPACK程序库的“通用接口”,这两个程序库的主要功能是求解线性方程和特征值,这就是用FORTRAN语言编写的早期的MATLAB.随后几年,MATLAB作为免费软件在大学里被广泛使用,深受大学生欢迎.

1984年,约翰·莱特、克里夫·莫勒和史蒂文·班格特合作成立了Math Works公司,专门从事MATLAB软件的开发,并把MATLAB正式推向市场.从那时起,MATLAB的内核采用C语言编写,并增加了数据透视功能.之后,Math Works公司又不断改进并推出新版本,使MATLAB拥有了强大的、成系列的交互式界面.

2. MATLAB窗口管理

MATLAB启动后显示三个窗口,如图3-1所示.左上窗口为工作区间窗口,显示用户定义的变量及其属性类型及变量长度.工作区间窗口也可显示为当前目录窗口,显示MATLAB所使用的当前目录及该目录下的全部文件名.左下窗口为历史窗口,显示每个工作周期(指MATLAB启动至退出的工作时间间隔)在命令窗口输入的全部命令,这些命令还可重新获取应用.右侧窗口为MATLAB命令窗口,可在里面输入相关运算命令,完成相应计算.三个窗口中的记录除非通过Edit菜单下的清除操作,否则将一直保存.

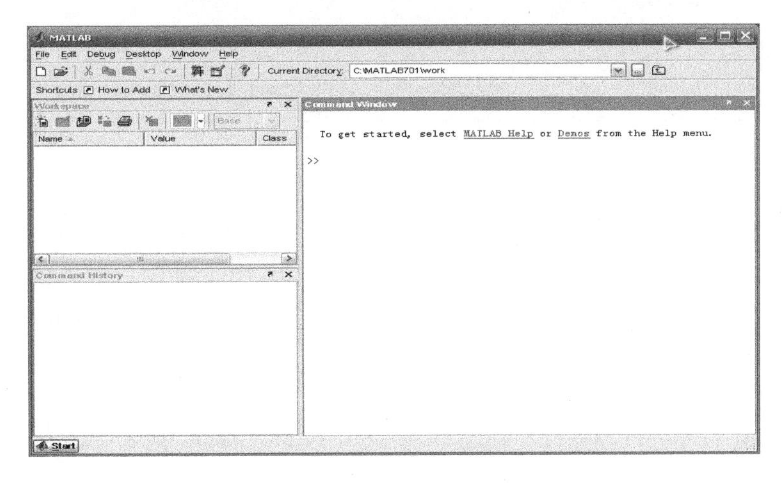

图3-1

MATLAB运行期间(即程序退出之前),除非调用Clear函数,否则MATLAB会在内存中保存全部变量值,包括命令输入的变量以及执行程序文件所引入的变量.清除工作空间变量值也可以通过Edit下拉菜单中的Clear Workspace命令实现.Clear函数可以清除内存中的所有变量.

MATLAB 命令窗口输入的信息会保持在窗口中,并可通过滚动条重新访问.一旦信息量超出其滚动内容容量,则最早输入的信息将会丢失.可以通过在命令窗口中输入 Clear 命令来清除命令窗口中的内容,也可以通过 Edit 下拉菜单中的 Clear Command Window 子菜单清除,但这个操作仅清除命令窗口中的内容,不能删除变量,要删除变量,只能通过 Clear.

为在命令窗口中能够更加清晰地显示字母及数字,MATLAB 提供了 format 函数的几种功能:

format	默认的设置.
format short	短固定十进制小数点格式,小数点后面含 4 位数,short 可省略.
format long	长固定十进制小数点格式.
format short e	短科学记数法.
format long e	长科学记数法.
format short g	显示格式转换为短位数字的显示格式.
format long g	显示格式转换为长位数字的显示格式.
format compact	命令将剔除显示中多余的空行或空格.
format rat	用有理分式的形式表示.

这些属性值也可通过单击 File 菜单的 Preferences 子菜单后弹出的 Preferences 设置窗口选择 Command Window 项进行设置,如图 3-2 所示.

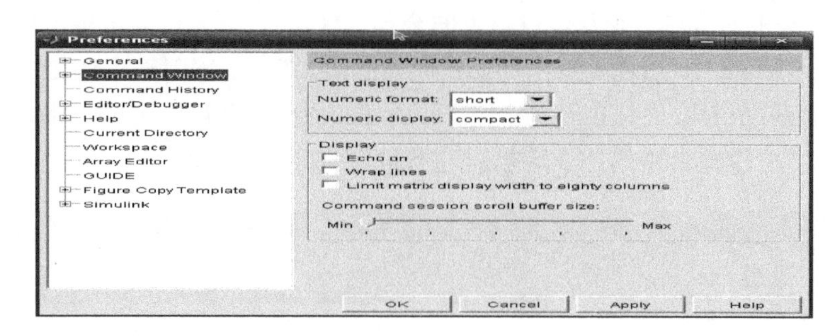

图 3-2

使用 MATLAB 过程中有两个有用的组合键:"^c"(Crtl+c)用于终止程序或函数的执行,也可用于退出暂停的程序或函数;"^p"(Ctrl+p)用于将最近键入的信息显示在 MATLAB 命令窗口中,按 Enter 键可再次执行该命令,连续按两次"^p",可调用上两次的输入信息,以此类推.

3. MATLAB 基本语法

MATLAB 允许用户创建的变量名不超过 63 个字符,多余部分将被忽略掉.变量名要求以大写或小写字母开头,后面跟大小写字母、数字或下划线.字符间不允许有空格.变量名区分大小写,例如变量名 A1 与 a1 表示不同变量.此外,不能使用希腊字母,或者上下标字符作为变量名,但可以拼写希腊字母,或在下标字符前加入下划线表示变量.例如,λ_1 可写为 lamda_1.

MATLAB 在命令窗口运行时,要求首先在">>"提示符后定义一个或多个变量,并进行赋值,然后表达式才能够使用变量.赋值运算符为"=",输入变量名和等号后,按 Enter 表示结束.例如要实现 $a=2$,则要在命令窗口中进行以下信息交互:

```
>> a=2              用户输入
a=                  系统响应
  2
```

注:表达式后加分号(;)可省略系统响应信息的显示.

MATLAB 允许在一行中输入多个表达式,表达式间以逗号或分号进行分隔,行尾以 Enter 键结束.用逗号分隔时系统会回显输入的值,如果用分号分隔表达式,不会输出响应信息.例如按如下格式输入信息:

```
>> a=2;b=2.5,c=3;
```

系统显示为:

```
b=
        2.5000
```

此时变量 a 和 c 的值不显示,但内存中存在.

数的加、减、乘、除和幂运算分别用+,- ,*,/,^ 表示,默认的运算次序为:幂运算为最高,其次为乘除,最后为加减.同时在表达式中可用圆括号来确定运算次序.

例 3.1.1 计算当 $a=2,b=3,c=6$ 时 $t=\left(\frac{3}{1+2ab}\right)^c$ 的值.

解 输入命令:

```
>> a=2;b=3;c=6;t=(3/(1+2*a*b))^c
```

运行得:

```
t=
  0.00015103145784306
```

表 3-1 列出了一些常用的数学表达式在 MATLAB 中的表示.

表 3-1 数学表达式在 MATLAB 中的表示

数学表达式	MATLAB 表示	数学表达式	MATLAB 表示	数学表达式	MATLAB 表示
e^x	exp(x)	$\sin x$	sin(x)	$\arccos x$	acos(x)
$\sqrt{x}$	sqrt(x)	$\cos x$	cos(x)	$\arctan x$	atan(x)
$\ln x$	log(x)	$\tan x$	tan(x)	$\mathrm{arccot}\,x$	acot(x)
$\lg x$	log10(x)	$\cot x$	cot(x)	π	pi
$\|x\|$	abs(x)	$\arcsin x$	asin(x)	∞	inf

表 3-2 列出了一些特殊字符在 MATLAB 中的特殊功能.

表 3-2　特殊字符及其功能说明

符号	名称	功　能
.	句号	(a) 小数点 (b) 向量或矩阵的一种操作类型，例如 $c = a \cdot b$
,	逗号	(a) 参数分隔符 (b) 几个表达式在同一行时放在每个表达式之后
;	分号	(a) 放在表达式末尾不显示计算结果 (b) 在创建矩阵的语句中指示一行的结束，例如：$\boldsymbol{m} = [x \quad y \quad z;a \quad b \quad c]$
:	冒号	(a) 创建向量表达式分隔符，例如：$x = a:b:c$ (b) 对矩阵 A 而言，$A(:,k)$ 表示第 k 列所有元素；$A(k,:)$ 表示第 k 行所有元素
( )	圆括号	(a) 矩阵 $\boldsymbol{z}$ 中某一元素的下标指示，如 $\boldsymbol{z}(j,k)$ 表示矩阵 j 行 k 列的元素 (b) 算术表达式分隔符，如 a^ $(b+c)$ (c) 函数参数分隔符，如 $sin(x)$
[ ]	方括号	创建一组数值、向量、矩阵或字符串(字母型)
{ }	大括号	创建单元矩阵或结构
%	百分号	注释分隔符，用于指示注释的开始，*MATLAB* 编译器会忽略其右边的内容，但用于一对引号内部定义字符串时除外，如：*a*=′*pl*=14% *of the totle*′
′	引号	(a) ′Expression′表明 Expression 为字符串(字母型) (b) 表示向量或矩阵的转置
	空格	作为数据创建语句的分隔符，如 $\boldsymbol{c} = [a \quad b]$；或者作为字符串语句的一个字符

有了上述基本知识后，我们就可以利用 *MATLAB* 进行一些简单的运算了.

3.1.2　函数的化简与运算

例 3.1.2　计算 $\sin\frac{\pi}{3} + \arcsin 1 - e^2 \ln 7$.

解　输入命令：

```
>> sin(pi/3)+asin(1)-exp(2) * log(7)
```

运行得：

```
ans=-11.9416175242689
```

注：命令窗口作为计算器应用且未将计算结果分配给表达式时，MATLAB 默认将计算结果分配给变量名 ans.

例 3.1.3　化简 $\sin(\pi + x)\sin(-x) - \cos(\pi - x)\cos(-x)$.

解　输入命令：

```
>> syms x                    %设置 x 为符号变量
>>simplify(sin(pi+x) * sin(-x)-cos(pi-x) * cos(-x))
```

运行得：

```
ans=1
```

例 3.1.4 验证 $\frac{1+\sin 2x-\cos 2x}{1+\sin 2x+\cos 2x}=\tan x$.

解 输入命令：

```
>> syms x
>>simplify((1+sin(2*x)-cos(2*x))/(1+sin(2*x)+cos(2*x))-tan(x))
```

运行得：

```
ans=0
```

3.1.3 函数图像的描绘

1. 在直角坐标系中绘制单根二维曲线

调用格式为：

```
plot(x,y)
```

其中 x 和 y 为长度相同的向量，分别用于存储 x 坐标和 y 坐标数据. 在 MATLAB 命令窗口中的提示符“>>”后输入语句，每输入完一行后要按“Enter”（回车）键结束，运行程序时“%”号后的注释语句也可以不输入. 以下同，不再说明.

例 3.1.5 作出 $y=x^2$ 在[−2,2]上的图象.

解 在命令窗口中输入如下语句：

```
>> x=-2:0.01:2;        %取 x 值从-2 到 2,步长为 0.01
>> y=x.^2;             %点幂算出对应的 y 值
>> plot(x,y)
```

例 3.1.6 作出 $y=x\sin\frac{1}{x}$ 在(0,0.1]内的图象.

解 单击主窗口的“file”菜单，选“new”，再选“m-file”命令单击，打开 M 文件编辑窗口，输入下面语句：

```
>> x=0:0.001:0.1;
>> y=x.*sin(1./(x+eps));        %加 eps 避免 0 作分母
>> plot(x,y);
>> title('y=xsin(1/x)');         %加标题
>> xlabel('x 轴');               %给 x 坐标轴加标注
>> ylabel('y 轴');               %给 y 坐标轴加标注
>> grid on                       %添加网格
```

上面内容输完后，单击“保存”命令，给 M 文件取名（如 exa6），单击“保存”按钮.

在命令行中输入文件名（如 exa6），按回车键运行程序.

说明：x 的取值范围可做适当调整，以便能更好地反映函数的特征.

2. 在直角坐标系中绘制多根二维曲线

调用格式为：

```
plot(x1,y1,x2,y2,…,xn,yn)
```

例 3.1.7 在同一坐标系中作出 $y=\cos x, y=\sin x$ 在 $[-2\pi,2\pi]$ 上的图象.

解 在命令窗口中输入如下语句：

```
>> x=-2*pi:pi/100:2*pi;
>> y1=sin(x);
>> y2=cos(x);
>> plot(x,y1,x,y2);
>> legend('y=sinx','y=cosx');      %图例标注
```

3. 在极坐标系中作图

调用格式为：

```
polar(theta,rho)
```

例 3.1.8 在极坐标系中作出阿基米德螺线 $\rho=a\theta$ (a 取 2)在 $[0,4\pi]$ 上的图象.

解 在命令窗口中输入如下语句：

```
>> theta=0:0.01*pi:4*pi;      %theta 的单位是弧度
>> rho=2*theta;
>> polar(theta,rho);
```

上机实验 3-1

1. 用 help 命令查看函数 plot,polar 等的用法.
2. 上机验证本节各例题.
3. 利用图形命令分别在同一坐标系下画出下列基本初等函数的图形,并观察图形特征.

(1) $y=x, y=x^2, y=x^3, y=x^4$ ；

(2) $y=2^x, y=10^x, y=\left(\frac{1}{3}\right)^x, y=e^x$ ；

(3) $y=\ln x, y=\lg x, y=\log_2 x$ ；

(4) $y=\arcsin x, y=\arccos x$.

4. 利用图形命令画出下列函数的图形.

(1) $y=3x^2-x^3, x\in[-5,5]$ ；

(2) $y=\cos 4x, x\in[-\pi,\pi]$ ；

(3) $y=x+\cos x, x\in[-\pi,\pi]$ ；

(4) $f(x)=\begin{cases} x^2, & |x|\leqslant 1 \\ x, & |x|>1 \end{cases}$.

3.2 MATLAB 在线性代数中的应用

实验目的：会用 MATLAB 进行线性代数中的相关运算.

3.2.1 矩阵的输入

要直接输入矩阵时，矩阵一行中的元素用空格或逗号“，”分隔；矩阵行与行之间用分号“；”隔离，整个矩阵放在方括号“[　]”里. 例如，输入矩阵 $\boldsymbol{A}=\begin{pmatrix}1&2&3\\4&5&6\\7&8&9\end{pmatrix}$，

```
>>A=[1,2,3;4,5,6;7,8,9]
```

也可以对矩阵进行分行输入，此时回车键作为分行标志，

```
>>A=[1,2,3
   4,5,6
   7,8,9]
```

一些特殊矩阵的输入命令为：

```
>>A=eye(m)        %返回 m 阶单位矩阵
>>A=ones(m)       %返回 m 阶矩阵，矩阵的所有元素都是 1
>>A=zeros(m)      %返回 m 阶矩阵，矩阵的所有元素都是 0
```

3.2.2 矩阵的相关运算

矩阵的一些运算命令如下：

```
>>C=A+B          %计算矩阵的加法，A 和 B 是同维矩阵
>>C=A-B          %计算矩阵的减法，A 和 B 是同维矩阵
>>C=A* B         %计算矩阵的乘法，A 和 B 有相邻公共维
>>C=A\ B         %计算矩阵的左除
>>C=A/ B         %计算矩阵的右除
>>B=A'           %计算矩阵 A 的转置矩阵
>> det(A)        %计算方阵 A 的行列式
>> inv(A)        %计算矩阵 A 的逆矩阵
>> rref(A)       %把矩阵 A 化为行最简形矩阵
>> rank(A)       %计算矩阵 A 的秩
>> eig(A)        %计算矩阵 A 的特征值
```

例 3.2.1 已知 $\boldsymbol{A}=\begin{pmatrix}1&0&1\\-1&1&1\\-2&-1&1\end{pmatrix}$，求 $\boldsymbol{A}$ 的行列式.

解 输入命令：

```
>>A=[1 0 1;-1 1 1;-2 -1 1];d=det(A)
```

运行得：

```
d=5
```

例 3.2.2 已知 $\boldsymbol{A}=\begin{pmatrix}1&2&3&4\\0&-1&5&2\\2&3&1&0\end{pmatrix}$，$\boldsymbol{B}=\begin{pmatrix}0&2&1&2\\4&1&0&2\\0&-3&2&5\end{pmatrix}$，求 $\boldsymbol{A}+\boldsymbol{B}$ 及 $2\boldsymbol{A}+3\boldsymbol{B}$.

解 输入命令：

```
>>A=[1 2 3 4;0 -1 5 2; 2 3 1 0];B=[0 2 1 2;4 1 0 2;0 -3 2 5];C=A+B,D=2*A+3
*B
```

运行得：

```
C=
     1          4          4          6
     4          0          5          4
     2          0          3          5
D=
     2         10          9         14
    12          1         10         10
     4         -3          8         15
```

例 3.2.3 已知 $\boldsymbol{A}=\begin{pmatrix}3&2&-1\\2&-3&5\end{pmatrix}$，$\boldsymbol{B}=\begin{pmatrix}1&3\\-5&4\\3&6\end{pmatrix}$，求 $\boldsymbol{AB}$ 及 $\boldsymbol{BA}$.

解 输入命令：

```
>>A=[3 2 -1;2 -3 5];B=[1 3;-5 4;3 6];C=A*B,D=B*A
```

运行得：

```
C=
   -10         11
    32         24
D=
     9         -7         14
    -7        -22         25
    21        -12         27
```

例 3.2.4 已知 $\boldsymbol{A}=\begin{pmatrix}1&0&1\\-1&1&1\\-2&-1&1\end{pmatrix}$，求 $\boldsymbol{A}^2$、$\boldsymbol{A}^{\mathrm{T}}$ 及 $\boldsymbol{A}^{-1}$.

解 输入命令：

```
>> format rat
>>A=[1 0 1;-1 1 1;-2 -1 1];B=A^2 , C=A',D=inv(A)
```

运行得：

```
B=
    -1          -1          2
    -4           0          1
    -3          -2         -2
C=
     1          -1         -2
     0           1         -1
     1           1          1
D=
    2/5        -1/5        -1/5
   -1/5         3/5        -2/5
    3/5         1/5         1/5
```

例 3.2.5 已知 $\boldsymbol{A}=\begin{pmatrix}1&0&1\\-1&1&1\\-2&-1&1\end{pmatrix}$,把矩阵 $\boldsymbol{A}$ 化为行最简形矩阵.

解 输入命令:

```
>>A=[1 0 1;-1 1 1;-2 -1 1];B=rref(A)
```

运行得:

```
B=
     1           0           0
     0           1           0
     0           0           1
```

例 3.2.6 已知 $\boldsymbol{A}=\begin{pmatrix}1&-1&0&-3&2\\1&-1&2&-5&2\\2&-2&2&-7&4\\3&-3&4&-10&6\end{pmatrix}$,求矩阵 $\boldsymbol{A}$ 的秩并化为行最简形矩阵.

解 输入命令:

```
>>A=[1 -1 0 -3 2;-1 -1 2 -5 2;2 -2 2 -7 4;3 -3 4 -10 6];r=rank(A),B=rref
(A)
```

运行得:

```
r=4
B=
     1           0           0           0           0
     0           1           0           0          -2
     0           0           1           0           0
     0           0           0           1           0
```

3.2.3 线性方程组的求解

从例 3.2.6 这个例子可以看出，要求解线性方程组，只要将线性方程组的增广矩阵按照上例的方法，求出其行最简形矩阵，即可得到线性方程组的解.

例 3.2.7 求解非齐次线性方程组 $\begin{cases} x_1 - 2x_2 + 3x_3 - x_4 = 1 \\ 3x_1 - x_2 + 5x_3 - 3x_4 = 2 \\ 2x_1 + x_2 + 2x_3 - 2x_4 = 3 \end{cases}$.

解 方程组的增广矩阵为 $(\boldsymbol{A},\boldsymbol{b}) = \boldsymbol{C} = \begin{pmatrix} 1 & -2 & 3 & -1 & 1 \\ 3 & -1 & 5 & -3 & 2 \\ 2 & 1 & 2 & -2 & 3 \end{pmatrix}$.

输入命令：

```
>>C=[1 -2 3 -1 1;3 -1 5 -3 2;2 1 2 -2 3];D=rref(C)
```

运行得：

```
D=
    1    0    7/5    -1    0
    0    1    -4/5    0    0
    0    0    0    0    1
```

由此看出：$rank(\boldsymbol{A}) = 2, rank(\boldsymbol{A},\boldsymbol{b}) = 3$，所以方程组无解.

例 3.2.8 求解非齐次线性方程组 $\begin{cases} x_1 + x_2 - 3x_3 - x_4 = 1 \\ 3x_1 - x_2 - 3x_3 + 4x_4 = 4 \\ x_1 + 5x_2 - 9x_3 - 8x_4 = 0 \end{cases}$.

解 方程组的增广矩阵为 $(\boldsymbol{A},\boldsymbol{b}) = \boldsymbol{C} = \begin{pmatrix} 1 & 1 & -3 & -1 & 1 \\ 3 & -1 & -3 & 4 & 4 \\ 1 & 5 & -9 & -8 & 0 \end{pmatrix}$.

输入命令：

```
>>C=[1 1 -3 -1 1;3 -1 -3 4 4;1 5 -9 -8 0];D=rref(C)
```

运行得：

```
D=
    1    0    -3/2    3/4    5/4
    0    1    -3/2    -7/4    -1/4
    0    0    0    0    0
```

由此看出：$rank(\boldsymbol{A}) = 2, rank(\boldsymbol{A},\boldsymbol{b}) = 2$，方程组有解.

写出矩阵 $\boldsymbol{D}$ 对应的方程组，即得与原方程组同解的方程组

$$\begin{cases} x_1 - \frac{3}{2}x_3 + \frac{3}{4}x_4 = \frac{5}{4} \\ x_2 - \frac{3}{2}x_3 - \frac{7}{4}x_4 = -\frac{1}{4} \end{cases},$$

由此即得

$$\begin{cases} x_1 = \dfrac{3}{2}x_3 - \dfrac{3}{4}x_4 + \dfrac{5}{4} \\ x_2 = \dfrac{3}{2}x_3 + \dfrac{7}{4}x_4 - \dfrac{1}{4} \end{cases} \quad (x_3, x_4 \text{ 可任意取值}),$$

所以方程组的解为(令 $x_3 = c_1, x_4 = c_2$)

$$\begin{cases} x_1 = \dfrac{3}{2}c_1 - \dfrac{3}{4}c_2 + \dfrac{5}{4} \\ x_2 = \dfrac{3}{2}c_1 + \dfrac{7}{4}c_2 - \dfrac{1}{4} \\ x_3 = c_1 \\ x_4 = c_2 \end{cases} \quad (c_1, c_2 \text{ 为任意实数}).$$

上机实验 3-2

1. 验证本节各例题.

2. 计算行列式 $\begin{vmatrix} 1 & 2 & 0 & 1 \\ 1 & 3 & 5 & 0 \\ 0 & 1 & 5 & 6 \\ 1 & 2 & 3 & 4 \end{vmatrix}$.

3. 已知 $\boldsymbol{A} = \begin{pmatrix} 1 & 2 & 3 & 4 \\ 0 & -1 & 5 & 2 \\ 2 & 3 & 1 & 0 \end{pmatrix}$, $\boldsymbol{B} = \begin{pmatrix} 0 & 2 & 1 & 2 \\ 4 & 1 & 0 & 2 \\ 0 & -3 & 2 & 5 \end{pmatrix}$,求 $\boldsymbol{A}+\boldsymbol{B}$ 及 $2\boldsymbol{A}+3\boldsymbol{B}$.

4. 已知 $\boldsymbol{A} = \begin{pmatrix} 2 & 1 \\ -4 & -2 \end{pmatrix}$, $\boldsymbol{B} = \begin{pmatrix} 3 & -1 \\ 1 & 2 \end{pmatrix}$,求 $\boldsymbol{A}^2$ 及 $\boldsymbol{B}^{\mathrm{T}}\boldsymbol{A}$.

5. 求矩阵 $\begin{pmatrix} 1 & 0 & 1 \\ -1 & 1 & 1 \\ -2 & -1 & 1 \end{pmatrix}$ 的逆矩阵.

6. 求矩阵 $\begin{pmatrix} 1 & 1 & 2 & 2 & 1 \\ 0 & 2 & 1 & 5 & -1 \\ 2 & 0 & 3 & -1 & 3 \\ 1 & 1 & 0 & 4 & -1 \end{pmatrix}$ 的秩及行最简形矩阵.

7. 求解线性方程组:

(1) $\begin{cases} x_1 + x_2 - 3x_3 = 1 \\ x_1 - x_2 + x_3 + 2x_4 = 1 \\ x_1 - 2x_2 + 3x_3 + 3x_4 = 1 \end{cases}$; (2) $\begin{cases} x_1 - x_2 + x_3 - x_4 = 2 \\ 2x_1 - x_2 + 2x_4 = 6 \\ 3x_1 + 2x_2 + x_3 = -1 \\ -x_1 + x_2 - x_3 - x_4 = -4 \end{cases}$.

3.3 MATLAB 在概率论中的应用

实验目的：

(1) 会用 MATLAB 计算排列数和组合数，进而计算古典概率值；

(2) 会用 MATLAB 计算常见分布的概率；

(3) 会用 MATLAB 计算随机变量的期望和方差.

3.3.1 排列数和组合数的计算

1. 阶乘

在 MATLAB 中，用函数 factorial(n)来计算 n 的阶乘 $n!$，其调用格式为：

```
>> factorial(n)
```

例 3.3.1 计算 10!.

解 输入命令：

```
>> y=factorial(10)
```

运行得：

```
y=3628800
```

即 10! =3628800.

此外，我们还可以利用连乘命令 prod 来计算阶乘：

```
>>y=prod(1:10)
```

2. 组合数

在 MATLAB 中，用函数 nchoosek(n,k)来计算组合数 C_n^k，其调用格式为：

```
>>nchoosek(n,k)
```

例 3.3.2 计算 C_{10}^3.

解 输入命令：

```
>> c=nchoosek(10,3)
```

运行得：

```
c=120
```

即 $C_{10}^3=120$.

例 3.3.3 在 50 个产品中有 18 个一级品，32 个二级品，从中任意抽取 30 个，求：

(1) 其中恰有 20 个二级品的概率；

(2) 其中至少有 2 个一级品的概率.

解 (1) 由题意可知 $p1=\dfrac{C_{18}^{10}\cdot C_{32}^{20}}{C_{50}^{30}}$.

输入命令：

```
>> p1=nchoosek(18,10) * nchoosek(32,20)/nchoosek(50,30)
```

运行得：

```
p1=0.2096
```

即其中恰有 20 个二级品的概率为 0.2096.

(2) 由题意可知 $p2 = 1 - \frac{C_{32}^{30}}{C_{50}^{30}} - \frac{C_{18}^{1} \cdot C_{32}^{29}}{C_{50}^{30}}$.

输入命令：

```
>> p2=1- (nchoosek(32,30)+nchoosek(18,1) * nchoosek(32,29))/nchoosek(50,30)
```

运行得：

```
p2=0.999999998095109
```

即其中至少有 2 个一级品的概率为 0.999999998095109.

3. 排列数

MATLAB 中没有提供直接计算排列数 P_n^k 的命令，但因为 $P_n^k = \frac{n!}{(n-k)!} = k! \cdot C_n^k$，所以可以使用函数 nchoosek(n,k)和 factorial(k)来计算 P_n^k.

例 3.3.4 计算：(1) P_8^2；(2) P_5^3.

解 (1) 因为 $P_8^2 = \frac{8!}{(8-2)!}$，所以

输入命令：

```
>> p=factorial(8)/factorial(8-2)
```

运行得：

```
p=56
```

即 $P_8^2 = 56$.

(2) 因为 $P_5^3 = 3! \cdot C_5^3$，所以

输入命令：

```
>> p=factorial(3) * nchoosek(5,3)
```

运行得：

```
p=60
```

即 $P_8^2 = 60$.

3.3.2 几个常见分布

1. 二项分布 $X \sim B(n,p)$

(1)求 n 次独立重复试验中事件 A 恰好发生 k 次的概率 P，即

$$P\{X=k\}=C_n^k p^k(1-p)^{n-k}.$$

其调用格式为：

```
>>pdf('bino',k,n,p)
```

或

```
>>binopdf(k,n,p)
```

说明：该命令的功能是计算二项分布中事件 A 恰好发生 k 次的概率. pdf 为通用函数，bino 表示二项分布，binopdf 为专用函数，n 为试验总次数，k 为 n 次试验中，事件 A 发生的次数，p 为每次试验事件 A 发生的概率.

（2）在 n 次独立重复试验中，事件 A 的累积概率值（随机变量 $X\leqslant k$ 的概率），即

$$P\{X\leqslant k\}=C_n^0 p^0(1-p)^{n-0}+C_n^1 p^1(1-p)^{n-1}+\cdots+C_n^k p^k(1-p)^{n-k}.$$

其调用格式为：

```
>>cdf ('bino', k, n, p)
```

或

```
>>binocdf (k, n, p)
```

说明：该命令的功能是返回随机变量 $X\leqslant k$ 的概率（即累积概率值）. 其中 cdf 为通用函数，binocdf 为专用函数，n 为试验总次数，k 为 n 次试验中，事件 A 发生的次数，p 为每次试验事件 A 发生的概率.

所以，至少发生 k 次的概率为

```
>>1- cdf ('bino', k-1, n, p)
```

或

```
>>1- binocdf (k-1, n, p)
```

例 3.3.5 某机床生产出次品的概率为 0.01，求生产 100 件产品中：

（1）恰有 1 件次品的概率；

（2）至少有 1 件次品的概率.

解 此问题可看作是 100 次独立重复试验，每次试验出次品的概率为 0.01.

（1）恰有 1 件次品的概率

输入命令：

```
>> p=pdf('bino',1,100,0.01)
```

或

```
>> p=binopdf(1,100,0.01)
```

运行得：

```
p=0.3697
```

即恰有 1 件次品的概率为 0.3697.

(2) 至少有 1 件次品的概率

输入命令：

```
>> p=1-cdf('bino',0,100,0.01)
```

或

```
>> p=1-binocdf(0,100,0.01)
```

运行得：

```
p=0.6340
```

即至少有 1 件次品的概率为 0.6340.

2. Poisson 分布 $X \sim P(\lambda)$

在二项分布中，当 n 的值很大，p 的值很小，而 np 又较适中时，用 Poisson 分布来近似二项分布较好(一般要求 $\lambda=np<10$).

(1) n 次独立重复试验中，事件 A 恰好发生 k 次的概率 P，即 $P\{X=k\}=\frac{\lambda^k}{k!}\mathrm{e}^{-\lambda}$.

其调用格式为：

```
>>pdf ('poiss', k, Lambda)
```

或

```
>> poisspdf (k, Lambda)
```

说明：在 MATLAB 中，poiss 表示 Poisson 分布. 该命令返回事件恰好发生 k 次的概率.

(2) n 次独立重复试验中，事件 A 的累积概率值，即

$$P\{X \leqslant k\}=\frac{\lambda^0}{0!}\mathrm{e}^{-\lambda}+\frac{\lambda^1}{1!}\mathrm{e}^{-\lambda}+\cdots+\frac{\lambda^k}{k!}\mathrm{e}^{-\lambda}.$$

其调用格式为：

```
>>cdf ('poiss', k, Lambda)
```

或

```
>>poisscdf (k, Lambda)
```

说明：该函数返回随机变量 $X \leqslant k$ 的概率之和，Lambda$=np$.

(3) n 次独立重复试验中，事件 A 至少发生 k 次的概率 P，即

$$P\{X \geqslant k\}=1-P\{X \leqslant k-1\}.$$

其调用格式为：

```
>>1- cdf ('poiss', k-1, Lambda)
```

或

```
>> 1- poisscdf (k-1, Lambda)
```

例 3.3.6 某市公安局在长度为 t 的时间间隔内收到的呼叫次数服从参数为 $t/2$ 的 Poisson 分布，且与时间间隔的起点无关（时间以小时计）．求：

(1) 某一天中午 12 时至下午 3 时没有收到呼叫的概率；

(2) 某一天中午 12 时至下午 5 时至少收到 1 次呼叫的概率.

解 在此题中，Lamda$=t/2$，设呼叫次数 X 为随机变量，则该问题转化为：

(1) Lamda$=t/2=1.5$，求 $P\{X=0\}$；

(2) Lamda$=t/2=2.5$，求 $1-P\{X\leqslant 0\}$.

(1) 输入命令：

```
>> poisscdf (0,1.5)                %X=0 表示 0 次呼叫,Lambda=t/2=1.5
```

运行得：

```
ans=0.2231
```

即某一天中午 12 时至下午 3 时没有收到呼叫的概率为 0.2231.

(2) 输入命令：

```
>> 1-poisscdf (0,2.5)
```

运行得：

```
ans=0.9179
```

即某一天中午 12 时至下午 5 时至少收到 1 次呼叫的概率为 0.9179.

3. 均匀分布 $X\sim U(a,b)$

利用通用函数 cdf 计算累积概率值，即 $P\{X\leqslant x\}$．其调用格式为：

```
>> cdf ('unif', x, a, b)
```

利用专用函数计算累积概率值，即 $P\{X\leqslant x\}$．其调用格式为：

```
>>unifcdf (x, a, b)
```

例 3.3.7 某公共汽车站从上午 7:00 起每 15 分钟来一班车．若某乘客在 7:00 到 7:30 间的任何时刻到达此站是等可能的，试求他候车的时间不到 5 分钟的概率.

解 设乘客 7 点过 X 分钟到达此站，则 X 在[0,30]内服从均匀分布，当且仅当他在时间间隔(7:10,7:15)或(7:25,7:30)内到达车站时，候车时间不到 5 分钟．故其概率为：

$$p=P\{10<X<15\}+P\{25<X<30\}.$$

在 MATLAB 编辑器中建立 M 文件 bus.m 如下：

```
format rat
p1=unifcdf(15,0,30)-unifcdf(10,0,30);
p2=unifcdf(30,0,30)-unifcdf(25,0,30);
p=p1+p2
```

运行得：

```
p=1/3
```

即候车的时间不到 5 分钟的概率为 1/3.

4. 指数分布 $X \sim E(\lambda)$

利用通用函数 cdf 计算累积概率值,即 $P\{X \leqslant x\}$. 其调用格式为:

```
>> cdf ('exp', x, Lambda)
```

利用专用函数计算累积概率值,即 $P\{X \leqslant x\}$. 其调用格式为:

```
>>expcdf (x,lambda)
```

例 3.3.8　修理某机器所需时间(单位:小时)服从以 $\lambda = 2$ 为参数的指数分布. 则修理时间超过 2 小时的概率是多少?

解　设 X 为修理某机器所需时间,则所求概率为 $P\{X > 2\} = 1 - P\{X \leqslant 2\}$.

输入命令:

```
>>p=1-expcdf(2,2)
```

运行得:

```
p=0.3679
```

即修理时间超过 2 小时的概率是 36.79%.

5. 正态分布 $X \sim N(\mu,\sigma^2)$

利用通用函数 cdf 计算累积概率值,即 $P\{X \leqslant x\}$. 其调用格式为:

```
>> cdf ('norm', x, μ, σ)
```

利用专用函数计算累积概率值,即 $P\{X \leqslant x\}$. 其调用格式为:

```
>>normcdf (x, μ, σ)
```

例 3.3.9　设 $X \sim N(3, 2^2)$,求 $P\{2<X<5\}$,$P\{-4<X<10\}$,$P\{|X|>2\}$,$P\{X>3\}$.

解　在 MATLAB 编辑器中编辑 M 文件 Norm. m 如下:

```
p1=normcdf(5,3,2)-normcdf(2,3,2)
p2=normcdf(10,3,2)-normcdf(-4,3,2)
p3=1-normcdf(2,3,2)+normcdf(-2,3,2)
p4=1-normcdf(3,3,2)
```

运行得:

```
p1=0.5328
p2=0.9995
p3=0.6977
p4=0.5000
```

即 $P\{2<X<5\}=0.5328$,$P\{-4<X<10\}=0.9995$,$P\{|X|>2\}=0.6977$,$P\{X>3\}=0.5000$.

3.3.3 随机变量的期望

1. 离散型随机变量的数学期望

根据离散型随机变量数学期望的定义，即 $E(X)=\sum_{k}x_k p_k$ ，利用 sum 求和函数来计算离散型随机变量的数学期望.

例 3.3.10 设随机变量 X 的分布律为表 3-3。

表 3-3

X	-2	-1	0	1	2
P	0.3	0.1	0.2	0.1	0.3

求 $E(X)$.

解 输入命令：

```
X=[-2 -1 0 1 2];
p=[0.3 0.1 0.2 0.1 0.3];
EX=sum(X*p')
```

运行得：

```
EX=0
```

或

```
X=[-2 -1 0 1 2];
p=[0.3 0.1 0.2 0.1 0.3];
EX=sum(X.*p)
```

运行得：

```
EX=0
```

即 $E(X)=0$.

2. 连续型随机变量的期望

根据连续型随机变量数学期望的定义，即 $E(X)=\int_{-\infty}^{+\infty}xp(x)\mathrm{d}x$ ，利用 int 积分函数来计算连续型随机变量的数学期望.

例 3.3.11 已知随机变量 X 的概率密度 $p(x)=\begin{cases}3x^2, & 0<x<1\\ 0, & \text{其他}\end{cases}$ ，求 $E(X)$.

解 输入命令：

```
syms x
p_x=3*x^2;
EX=int(x*p_x,0,1)
```

运行得：

```
EX=3/4
```

即 $E(X)=\frac{3}{4}$.

3.3.4 随机变量的方差

1. 离散型随机变量的方差

根据方差的定义、离散型随机变量及其函数数学期望的定义,即

$$D(X)=E(X^2)-[E(X)]^2,$$
$$E(X)=\sum_k x_k p_k,\ E(X^2)=\sum_k x_k^2 p_k,$$

利用 sum 求和函数来计算离散型随机变量的方差.

例 3.3.12 设随机变量 X 的分布律为表 3-4.

表 3-4

X	-2	-1	0	1	2
P	0.3	0.1	0.2	0.1	0.3

求 $D(X)$.

解 输入命令:

```
X=[-2 -1 0 1 2];
p=[0.3 0.1 0.2 0.1 0.3];
EX=sum(X.*p);
DX=sum(X.^2.*p)-EX^2
```

运行得:

```
DX=2.6000
```

即 $D(X)=2.6000$.

2. 连续型随机变量的方差

根据方差的定义、连续型随机变量及其函数数学期望的定义,即

$$D(X)=E(X^2)-[E(X)]^2,$$
$$E(X)=\int_{-\infty}^{+\infty}xp(x)\mathrm{d}x,\ E(X^2)=\int_{-\infty}^{+\infty}x^2p(x)\mathrm{d}x,$$

利用 int 积分函数来计算连续型随机变量的方差.

例 3.3.13 设 X 的密度函数为 $p(x)=\begin{cases}\dfrac{1}{\pi\sqrt{1-x^2}}, & |x|<1\\ 0, & |x|\geqslant 1\end{cases}$,求 $D(X)$.

解 输入命令:

```
syms x
px=1/(pi*sqrt(1-x^2));
EX=int(x*px,-1,1);
DX=int(x^2*px,-1,1)-EX^2
```

运行得：

```
DX=1/2
```

即 $D(X)=\frac{1}{2}$.

上机实验 3-3

1. 验证本节各例题.

2. 某连有一至十共 10 个班，每个班选出 2 名战士组成尖刀小队，若从 20 名尖刀小队成员中选出 5 名作为小队骨干，求二班在小队骨干中有代表的概率.

3. 某连队有步枪 75 支，其中有 5 支还没来得及进行保养，现团里组织枪械保养情况检查，检查方案如下：随机抽检 10 支步枪进行检查，若发现所有步枪都已保养，则连长要受到表扬；若发现有 1 支步枪没保养，则连长要被通报批评；若发现有 2 支及以上步枪没有保养，则连长要在全团大会上做检查. 试计算该连连长被表扬、被通报批评、被做检查的概率各为多少？

4. 一批产品的废品率为 0.03. 现进行 20 次重复抽样（每次抽一件），求其中的废品数小于 2 的概率.

5. 已知 X 的概率密度为 $\varphi(x)=\begin{cases}3x^2, & 0<x<1\\ 0, & 其他\end{cases}$，求：

(1) $E(X)$ ；(2) $D(X)$.

3.4 EXCEL 在线性代数中的应用

实验目的：

(1) 会用 EXCEL 计算行列式；

(2) 会用 EXCEL 计算逆矩阵；

(3) 会用 EXCEL 计算矩阵乘积.

3.4.1 计算行列式

在 EXCEL 中，用函数 MDETERM 来计算行列式的值.

函数语法：MDETERM(array).

其中，array 指行数和列数相等的数值数组，可以是单元格区域，例如 A1:C3；或是一个数组常量，如{1,2,3;4,5,6;7,8,9}.

若 array 中单元格为空或包含文字，或 array 的行和列的数目不相等，则返回“#VALUE! 错误”.

例 3.4.1 已知 $\boldsymbol{A}=\begin{pmatrix}1 & 0 & 1\\ -1 & 1 & 1\\ -2 & -1 & 1\end{pmatrix}$，求矩阵 $\boldsymbol{A}$ 的行列式.

解 (一)在 EXCEL 单元格 C2(任意)中输入“=MDETERM({1,0,1;−1,1,1;−2,−1,1})”，按 Enter 键，即可得出矩阵 $\boldsymbol{A}$ 的行列式的值 5. 如图 3-3 所示.

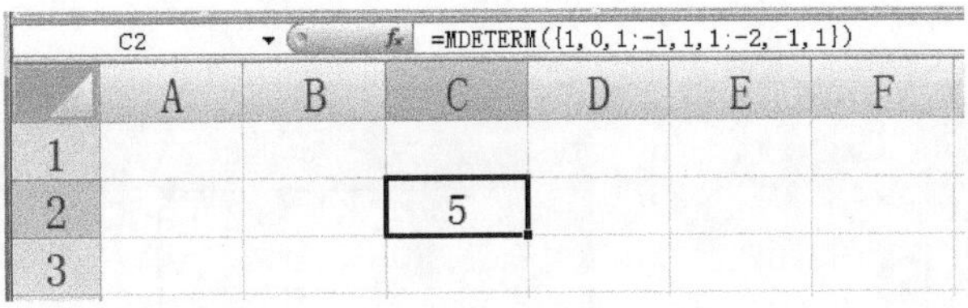

C2　=MDETERM({1,0,1;-1,1,1;-2,-1,1})

	A	B	C	D	E	F
1						
2			5			
3						

图 3-3

(二)在 EXCEL 单元格区域 A1:C3 中先输入矩阵相应数值,然后在单元格 E2(任意)中输入"=MDETERM(A1:C3)",按 Enter 键,即可得出矩阵 $\boldsymbol{A}$ 的行列式的值 5. 如图 3-4 所示.

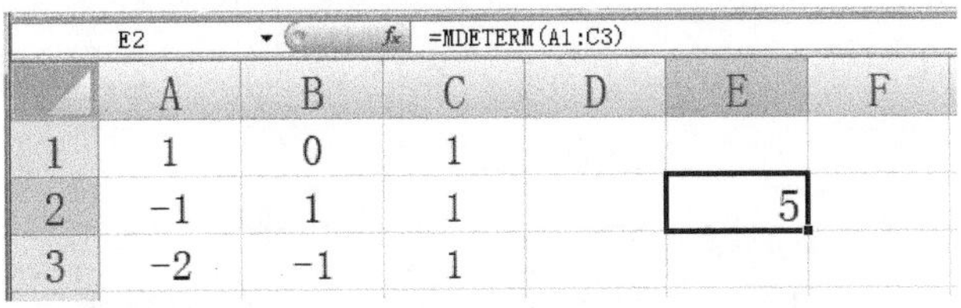

E2　=MDETERM(A1:C3)

	A	B	C	D	E	F
1	1	0	1			
2	-1	1	1		5	
3	-2	-1	1			

图 3-4

3.4.2 计算逆矩阵

在 EXCEL 中,用函数 MINVERSE 来计算方阵的逆矩阵.

函数语法:MINVERSE(array).

其中,array 指行数和列数相等的数值数组. 可以是单元格区域,例如 A1:C3;或是一个数组常量,如{1,2,3;4,5,6;7,8,9}.

需要注意:

(1) 对于返回结果为数组的公式,必须以数组公式的形式输入,且按 Ctrl+Shift+Enter 键执行命令.

(2) 对于不可逆的矩阵(行列式值为零的矩阵),函数 MINVERSE 将返回错误值"#NUM!".

(3) 如果数组中有空白单元格或包含文字的单元格,或数组的行数和列数不相等,则返回错误值"#VALUE!".

例 3.4.2 已知 $\boldsymbol{A}=\begin{pmatrix}1&1&2\\-1&2&0\\2&1&3\end{pmatrix}$,求矩阵 $\boldsymbol{A}$ 的逆矩阵.

解 (一)先任意选中一个 3 行 3 列单元格区域(因为输出的逆矩阵是 3 行 3 列矩阵),如 C1:E3 单元格区域,然后输入"=MINVERSE({1,1,2;-1,2,0;2,1,3})",按 Ctrl+Shift+ Enter 键,即可得出矩阵 $\boldsymbol{A}$ 的逆矩阵为 $\boldsymbol{A}^{-1}=\begin{pmatrix}-6&1&4\\-3&1&2\\5&-1&-3\end{pmatrix}$. 如图 3-5

所示.

C1 | f_x | {=MINVERSE({1,1,2;-1,2,0;2,1,3})}

	A	B	C	D	E	F
1			-6	1	4	
2			-3	1	2	
3			5	-1	-3	

图 3-5

(二)在单元格区域 A1:C3 中先输入矩阵 A 的相应数值,然后选中 E1:G3 单元格区域(因为输出的逆矩阵是 3 行 3 列矩阵),输入"=MINVERSE(A1:C3)",按 Ctrl+Shift+Enter 键,即可得出矩阵 $\boldsymbol{A}$ 的逆矩阵为 $\boldsymbol{A}^{-1}=\begin{pmatrix}-6 & 1 & 4\\ -3 & 1 & 2\\ 5 & -1 & -3\end{pmatrix}$. 如图 3-6 所示.

E1 | f_x | {=MINVERSE(A1:C3)}

	A	B	C	D	E	F	G	H
1	1	1	2		-6	1	4	
2	-1	2	0		-3	1	2	
3	2	1	3		5	-1	-3	

图 3-6

3.4.3 计算矩阵乘积

在 EXCEL 中,用函数 MMULT 来计算两个矩阵相乘.

函数语法:MMULT(array1,array2).

其中,array1,array2 是指要进行矩阵乘法运算的两个数组. array1 的列数必须与 array2 的行数相同,而且两个数组中都只能包含数值. 乘积所得矩阵的行数与 array1 的行数相同,列数与 array2 的列数相同. array1 和 array2 可以是单元格区域、数组常量或引用.

同样,对于返回结果为数组的公式,必须以数组公式的形式输入,且按 Ctrl+Shift+Enter 键执行命令.

例 3.4.3 已知 $\boldsymbol{A}=\begin{pmatrix}3 & 2 & -2\\ -1 & 3 & 1\end{pmatrix}$, $\boldsymbol{A}=\begin{pmatrix}-1 & 2\\ 2 & 0\\ 3 & -2\end{pmatrix}$, 求 $\boldsymbol{AB}$ 与 $\boldsymbol{BA}$.

解 先在单元格区域 A2:C3 中输入矩阵 $\boldsymbol{A}$ 的相应数值,在单元格区域 E2:F4 中输入矩阵 $\boldsymbol{B}$ 的相应数值.

(1) 计算 $\boldsymbol{AB}$

选中 H2:I3 单元格区域(因为输出的矩阵是 2 行 2 列矩阵),输入"=MMULT(A2:

C3,E2:F4)”,按 Ctrl+Shift+ Enter 键,即可得出矩阵 $\boldsymbol{AB}$ 的值为 $\boldsymbol{AB}=\begin{pmatrix}-5 & 10\\10 & -4\end{pmatrix}$. 如图 3-7 所示.

H2 | f_x {=MMULT(A2:C3,E2:F4)}

	A	B	C	D	E	F	G	H	I
1		矩阵A			矩阵B			AB的结果	
2	3	2	-2		-1	2		-5	10
3	-1	3	1		2	0		10	-4
4					3	-2			

图 3-7

(2) 计算 $\boldsymbol{BA}$

选中 H2:J4 单元格区域(因为输出的矩阵是 3 行 3 列矩阵),输入“=MMULT(E2:F4,A2:C3)”,按 Ctrl+Shift+ Enter 键,即可得出矩阵 $\boldsymbol{BA}$ 的值为 $\boldsymbol{BA}=\begin{pmatrix}-5 & 4 & 4\\6 & 4 & -4\\11 & 0 & -8\end{pmatrix}$. 如图 3-8 所示.

H2 | f_x {=MMULT(E2:F4,A2:C3)}

	A	B	C	D	E	F	G	H	I	J
1		矩阵A			矩阵B			BA的结果		
2	3	2	-2		-1	2		-5	4	4
3	-1	3	1		2	0		6	4	-4
4					3	-2		11	0	-8

图 3-8

上机实验 3-4

1. 验证本节各例题.

2. 计算行列式 $\begin{vmatrix}1 & 2 & 0 & 1\\1 & 3 & 5 & 0\\0 & 1 & 5 & 6\\1 & 2 & 3 & 4\end{vmatrix}$.

3. 求矩阵 $\begin{pmatrix}1 & 0 & 1\\-1 & 1 & 1\\-2 & -1 & 1\end{pmatrix}$ 的逆矩阵.

4. 已知 $\boldsymbol{A}=\begin{pmatrix}1 & 3\\-2 & 2\\-1 & -5\end{pmatrix}$, $\boldsymbol{B}=\begin{pmatrix}1 & 2 & -1\\-1 & -3 & 2\end{pmatrix}$,求 $\boldsymbol{AB}$ 及 $\boldsymbol{BA}$.

3.5　EXCEL 在概率论中的应用

实验目的：

(1) 会用 EXCEL 计算阶乘，进而计算古典概率值；

(2) 会用 EXCEL 计算常见分布的概率；

(3) 会用 EXCEL 计算离散型随机变量的数学期望和方差.

3.5.1　阶乘的计算

在 EXCEL 中，用函数 FACT 来计算阶乘.

函数语法：FACT(number).

其中，number 是指要计算其阶乘的非负数. 如果 number 不是整数，则截尾取整.

例 3.5.1　求任意数值的阶乘.

解　表格中给出一组数组，选中 B2 单元格，输入公式"＝FACT(A2)"，按 Enter 键，即可得出 A2 单元格的数据的阶乘，如图 3-9 所示. 然后向下复制 B2 单元格的公式可得到批量结果，如图 3-10 所示.

MINVERSE　=FACT(A2)

	A	B	C
1	数值	阶乘	
2	1	=FACT(A2)	
3	2		
4	3		
5	10		
6	11		
7	12		

图 3-9

B2　=FACT(A2)

	A	B	C
1	数值	阶乘	
2	1	1	
3	2	2	
4	3	6	
5	10	3628800	
6	11	39916800	
7	12	479001600	

图 3-10

例 3.5.2　在 50 个产品中有 18 个一级品、32 个二级品，从中任意抽取 30 个，求：

(1) 其中恰有 20 个二级品的概率；

(2) 其中至少有 2 个一级品的概率.

解　(1)由题意可知

$$p1=\frac{C_{18}^{10}\times C_{32}^{20}}{C_{50}^{30}}=\frac{\frac{18!}{10!\times 8!}\times\frac{32!}{20!\times 12!}}{\frac{50!}{30!\times 20!}}=\frac{18!\times 32!\times 30!}{10!\times 8!\times 12!\times 50!}.$$

在 EXCEL 任意单元格中输入：

"＝FACT(18) * FACT(32) * FACT(30)/ FACT(10)/ FACT(8)/ FACT(12)/ FACT(50)"

按 Enter 键，运行结果为：0.2096.

即其中恰有 20 个二级品的概率为 0.2096.

(2) 由题意可知

$$p2 = 1 - \frac{C_{32}^{30}}{C_{50}^{30}} - \frac{C_{18}^{1} \cdot C_{32}^{29}}{C_{50}^{30}} = 1 - \frac{32! \times 20!}{2! \times 50!} - \frac{18 \times 32! \times 20! \times 30!}{29! \times 3! \times 50!}.$$

在 EXCEL 任意单元格中输入：

"=1-FACT(32) * FACT(20) / FACT(2)/ FACT(50)-18 * FACT(32) * FACT(20) * FACT(30)/ FACT(29)/FACT(3)/FACT(50)"

按 Enter 键，运行结果为：0.999999998.

即其中至少有 2 个一级品的概率为 0.999999998.

3.5.2 几个常见分布

1. 二项分布 $X \sim B(n,p)$

n 次独立重复试验中事件 A 恰好发生 k 次的概率为 P，即

$$P\{X = k\} = C_n^k p^k (1-p)^{n-k}.$$

n 次独立重复试验中，事件 A 的累积概率值(随机变量 $X \leqslant k$ 的概率)，即

$$P\{X \leqslant k\} = C_n^0 p^0 (1-p)^{n-0} + C_n^1 p^1 (1-p)^{n-1} + \cdots + C_n^k p^k (1-p)^{n-k}.$$

在 EXCEL 中，用函数 BINOMDIST 来计算二项分布的概率.

函数语法：BINOMDIST(number_s，trials，probability_s，cumulative).

其中，number_s 为试验成功的次数. trials 为独立试验的次数. probability_s 为每次试验中成功的概率. cumulative 为一逻辑值，决定函数的形式. 如果 cumulative 为 TRUE，函数 BINOMDIST 返回累积概率值，即至多发生 number_s 次概率；如果为 FALSE，返回概率值，即恰好发生 number_s 次的概率.

例 3.5.3 某机床出次品的概率为 0.01，求生产 100 件产品中：

(1) 恰有 1 件次品的概率；

(2) 至少有 1 件次品的概率；

(3) 恰有任意件次品的概率.

解 此问题可看作是 100 次独立重复试验，每次试验出次品的概率为 0.01.

(1) 恰有 1 件次品的概率

在 EXCEL 任意单元格中输入："=BINOMDIST(1,100,0.01, FALSE)"，按 Enter 键，运行结果为：0.3697. 即恰有 1 件次品的概率为 0.3697.

(2) 至少有 1 件次品的概率

在 EXCEL 任意单元格中输入："=1-BINOMDIST(0,100,0.01, TRUE)"，按 Enter 键，运行结果为：0.6340. 即恰有 1 件次品的概率为 0.6340.

(3) 如图 3-11 所示，在 B2 单元格中输入："=BINOMDIST(A2, 100, 0.01, FALSE)"，按 Enter 键，即可算出恰有 0 件次品的概率. 向下复制公式，即可计算恰有任意件次品的概率.

	A	B	C	D
1	次品数	概率		
2	0	=BINOMDIST(A2,100,0.01, FALSE)		
3	1	0.36972964		
4	2	0.18486482		
5	3	0.06099917		
6	4	0.01494171		
7	5	0.00289779		
8	6	0.00046345		

图 3-11

2. Poisson 分布 $X \sim P(\lambda)$

n 次独立重复试验中,事件 A 的累积概率值,即

$$P\{X \leqslant k\} = \frac{\lambda^0}{0!}e^{-\lambda} + \frac{\lambda^1}{1!}e^{-\lambda} + \cdots + \frac{\lambda^k}{k!}e^{-\lambda}.$$

在 EXCEL 中,用函数 POISSON 来计算泊松分布的概率.

函数语法:POISSON(x,mean,cumulative).

其中,x 为事件数. mean 为期望值,即 λ. cumulative 为一逻辑值,决定函数的形式. 如果 cumulative 为 TRUE,函数 POISSON 返回累积概率值,即至多发生 number_s 次概率;如果为 FALSE,返回概率值,即恰好发生 number_s 次的概率.

例 3.5.4 某市公安局在长度为 t 的时间间隔内收到的呼叫次数服从参数为 $t/2$ 的 Poisson 分布,且与时间间隔的起点无关(时间以小时计). 求:

(1) 某一天中午 12 时至下午 3 时没有收到呼叫的概率;

(2) 某一天中午 12 时至下午 5 时至少收到 1 次呼叫的概率.

解 在此题中,Lamda$=t/2$,设呼叫次数 X 为随机变量,则该问题转化为:

(1) Lamda$=t/2=1.5$,求 $P\{X=0\}$;

(2) Lamda$=t/2=2.5$,求 $1-P\{X\leqslant 0\}$.

(1) 在 EXCEL 任意单元格中输入:"=POISSON(0,1.5,FALSE)",按 Enter 键,运行结果为: 0.2231. 即某一天中午 12 时至下午 3 时没有收到呼叫的概率为 0.2231.

(2) 在 EXCEL 任意单元格中输入:"=1-POISSON(0,2.5, TRUE)",按 Enter 键,运行结果为:0.9179. 即某一天中午 12 时至下午 5 时至少收到 1 次呼叫的概率为 0.9179.

3. 正态分布 $X \sim N(\mu,\sigma^2)$

(1) 计算正态分布的分布函数值,即已知 x,计算 $P\{X \leqslant x\}$ 的值.

函数语法:NORMDIST(x,mean,standard_dev,cumulative).

其中,x 为需要计算其分布的数值. mean 为分布的算术平均值. standard_dev 为分布的标准偏差. cumulative 为一逻辑值,决定函数的形式. 如果 cumulative 为 TRUE,函数 NORMDIST 返回分布函数,即 $P\{X \leqslant x\}$;如果为 FALSE,返回概率密度函数.

例 3.5.5 某公司产品月销售量 $X \sim N(300,45^2)$，计算销售量不超过 280 的概率.

解 所求即 $P\{X \leqslant 280\}$.

在 EXCEL 任意单元格中输入："=NORMDIST(280,300,45,TRUE)"，按 Enter 键，运行结果为：0.3284. 即销售量不超过 280 的概率为 0.3284.

(2) 计算正态分布的分布函数的反函数值，即已知 $P\{X \leqslant x\}$，计算 x 的值.

函数语法：NORMINV(probability,mean,standard_dev).

其中，probability 为对应于正态分布的概率. mean 为分布的算术平均值. standard_dev 为分布的标准偏差.

例 3.5.6 某公司产品月销售量 $X \sim N(300,45^2)$，计算 99%的概率下的销售量.

解 所求即 $P\{X \leqslant x\} = 0.99$ 的 x.

在 EXCEL 任意单元格中输入："=NORMINV(0.99,300,45)"，按 Enter 键，运行结果为：405. 即销售量不超过 405 的概率为 99%.

(3) 计算标准正态分布的分布函数值，即已知 x，计算 $P\{X \leqslant x\}$ 的值.

函数语法：NORMSDIST(z).

其中，z 为需要计算其分布的数值.

例 3.5.7 在 EXCEL 中求标准正态分布的分布函数值.

解 如图 3-12 所示，在 B2 单元格中输入"=NORMSDIST(A2)"，按 Enter 键，即可求得 A2 单元格中数值"1"的标准正态分布的函数值. 向下复制公式，即可得到其他数值的标准正态分布的函数值.

(4) 计算标准正态分布的分布函数的反函数值，即已知 $P\{X \leqslant x\}$，计算 x 的值.

函数语法：NORMSINV(probability).

其中，probability 对应于正态分布的概率.

例 3.5.8 在 EXCEL 中求标准正态分布的分布函数的反函数值.

解 如图 3-13 所示，在 B2 单元格中输入"=NORMSINV(A2)"，按 Enter 键，即可求得 A2 单元格中正态分布函数值"0.841344746"的标准正态分布函数的反函数值. 向下复制公式，即可得到其他函数值的标准正态分布的反函数值.

B2 =NORMSDIST(A2)

	A	B
1	数值	正态分布函数值
2	1	0.841344746
3	0.5	0.691462461
4	2	0.977249868

图 3-12

B2 =NORMSINV(A2)

	A	B
1	正态分布函数值	反函数数值
2	0.841344746	1
3	0.691462461	0.5
4	0.977249868	2

图 3-13

3.5.3 离散型随机变量的数学期望

根据离散型随机变量数学期望的定义，即 $E(X) = \sum_k x_k p_k$，EXCEL 中很容易实现数学期望的计算.举例如下：

例 3.5.9 设随机变量 X 的分布律为表 3-5.

表 3-5

X	-2	-1	0	1	2
P	0.2	0.1	0.2	0.1	0.4

求 $E(X)$.

解:先在 EXCEL 单元格中输入相应数据,如图 3-14 所示;然后在 B3 中输入公式"=B1 * B2",按 Enter 键,并向右复制公式可算得各 X 与其概率值 P 的乘积;最后在 G3 单元格中输入函数"=SUM(B3:F3)",按 Enter 键,即可求得所求数学期望 $E(X) = 0.4$.

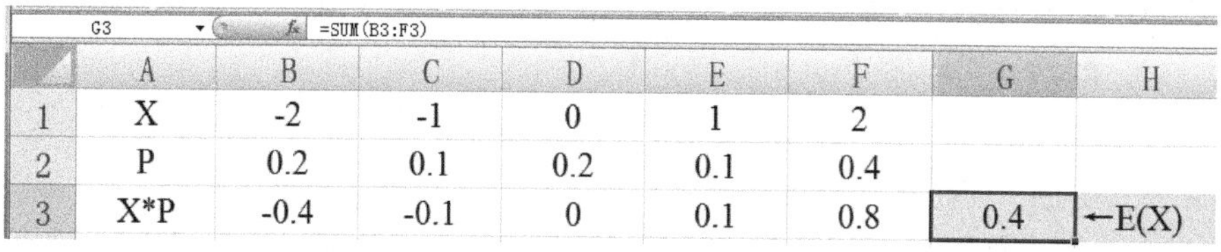

G3 =SUM(B3:F3)

	A	B	C	D	E	F	G	H
1	X	-2	-1	0	1	2		
2	P	0.2	0.1	0.2	0.1	0.4		
3	X*P	-0.4	-0.1	0	0.1	0.8	0.4	←E(X)

图 3-14

3.5.4 离散型随机变量的方差

根据方差的定义、离散型随机变量及其函数数学期望的定义,即

$$D(X) = E(X^2) - [E(X)]^2 ,$$

$$E(X) = \sum_k x_k p_k , E(X^2) = \sum_k x_k^2 p_k .$$

在 EXCEL 中也容易实现方差的计算. 举例如下：

例 3.5.10 设随机变量 X 的分布律为表 3-6.

表 3-6

X	-2	-1	0	1	2
P	0.2	0.1	0.2	0.1	0.4

求 $D(X)$.

解 先在 EXCEL 单元格中输入相应数据,如图 3-15 所示;然后在 B3 中输入公式"=B1 * B2",按 Enter 键,并向右复制公式可算得各 X 与其概率值 P 的乘积;在 B4 中输入公式"=B1^2 * B2",按 Enter 键,并向右复制公式可算得各 X^2 与其概率值 P 的乘积;在 G3 单元格中输入函数"=SUM(B3:F3)",按 Enter 键,即可求得 X 的数学期望 $E(X) = 0.4$;在 G4 单元格中输入函数"=SUM(B4:F4)",按 Enter 键,即可求得 X^2 的数学期望 $E(X^2) = 2.6$;最后在 G5 单元格中输入公式"=G4-G3^2",按 Enter 键,即可求得所求方差 $D(X) = 2.44$.

C5 f_x =G4-G3^2

	A	B	C	D	E	F	G	H
1	X	-2	-1	0	1	2		
2	P	0.2	0.1	0.2	0.1	0.4		
3	X*P	-0.4	-0.1	0	0.1	0.8	0.4	←E(X)
4	X^2*P	0.8	0.1	0	0.1	1.6	2.6	←E(X^2)
5							2.44	←D(X)

图 3-15

上机实验 3-5

1. 验证本节各例题.

2. 某连有一至十共 10 个班,每个班选出 2 名战士组成尖刀小队,若从 20 名尖刀小队成员中选出 5 名作为小队骨干,求二班在小队骨干中有代表的概率.

3. 某连队有步枪 75 支,其中有 5 支还没来得及进行保养,现团里组织枪械保养情况检查,检查方案如下:随机抽检 10 支步枪进行检查,若发现所有步枪都已保养,则连长要受到表扬;若发现有 1 支步枪没保养,则连长要被通报批评;若发现有 2 支及以上步枪没有保养,则连长要在全团大会上做检查. 试计算该连连长被表扬、被通报批评、做检查的概率各为多少?

4. 一批产品的废品率为 0.03. 现进行 20 次重复抽样(每次抽一件),求其中的废品数小于 2 的概率.

5. 已知随机变量 X 的分布律见表.

5 题

X	45	46	47	48	49	50
P	0.18	0.24	0.32	0.16	0.08	0.02

求:(1) $E(X)$;(2) $D(X)$.

课后品读:工程数学知识的实际应用举例

无论是线性代数还是概率论,在现实生活中都有很广泛的应用,简单列举几个例子以供读者学习体会.

一、密码问题

进入现代社会,大量的信息传输和存储都需要保密. 计算机技术的发展不但扩大了保密的范围,还促进了保密技术的发展. 为使读者对密码问题有初步的认识,这里先介绍最常用的密码本加密法.

远古时代的希腊人发明了不同数字与字母一一对应的密码本. 然后把由字母组成的信息转换成一串数字. 这样,信息就不容易被没有密码本的人识破. 这种方法一直延续到现代. 为了说明这个问题,下面举一个简单例子.

如表 3-7 所示,把 26 个英文大写字母与 26 个不同数字一一对应. 这就是一个简单的密码本.如果要把信息“NO SLEEPPING”发给朋友,又不想让其他人看懂,可以将信息中的每一字母改用对应的数字发出去.即实际发出的信息是:14,15,19,12,5,5,16,16,9,14,7.收到信息的人按表 3-7 所示编码转换成字母就能看懂了.这类编码容易编制,但也容易被人识破.

表 3-7

A	B	C	D	…	X	Y	Z
1	2	3	4	…	24	25	26

下面介绍利用矩阵设置密码的一种方法.

(1) 预先设定一个 n 阶的可逆矩阵 $\boldsymbol{A}$ 作为密码;

(2) 将已经得到的数字信息分为若干含有 n 个元素的列矩阵 $\boldsymbol{X}_1$, $\boldsymbol{X}_2$,…,若不够分则加 0 补足;

(3) 进行矩阵运算:$\boldsymbol{Y}_1=\boldsymbol{A}\boldsymbol{X}_1$, $\boldsymbol{Y}_2=\boldsymbol{A}\boldsymbol{X}_2$,….

这样得到的 $\boldsymbol{Y}_1$, $\boldsymbol{Y}_2$,…就是加密了的新码,外人看不懂.

知道密码的人只要进行运算:$\boldsymbol{X}_1=\boldsymbol{A}^{-1}\boldsymbol{Y}_1$, $\boldsymbol{X}_2=\boldsymbol{A}^{-1}\boldsymbol{Y}_2$,…,就能获取原来的信息编码.

现在把上面的例子按矩阵的方法进行解答.

(1) 预先设定一个 3 阶矩阵 $\boldsymbol{A}$ 作为密码,如 $\boldsymbol{A}=\begin{pmatrix}1&1&2\\-1&2&0\\2&1&3\end{pmatrix}$;

(2) 将已经得到的数字信息分为 4 个列矩阵:

$$\boldsymbol{X}_1=\begin{pmatrix}14\\15\\19\end{pmatrix},\boldsymbol{X}_2=\begin{pmatrix}12\\5\\5\end{pmatrix},\boldsymbol{X}_3=\begin{pmatrix}16\\16\\9\end{pmatrix},\boldsymbol{X}_4=\begin{pmatrix}14\\7\\0\end{pmatrix}.$$

(3) 进行矩阵运算:

$$\boldsymbol{X}_1=\boldsymbol{A}\boldsymbol{X}_1=\begin{pmatrix}1&1&2\\-1&2&0\\2&1&3\end{pmatrix}\begin{pmatrix}14\\15\\19\end{pmatrix}=\begin{pmatrix}67\\16\\100\end{pmatrix},$$

同样的计算可得:

$$\boldsymbol{Y}_2=\begin{pmatrix}27\\-2\\44\end{pmatrix},\boldsymbol{Y}_3=\begin{pmatrix}50\\16\\75\end{pmatrix},\boldsymbol{Y}_4=\begin{pmatrix}21\\0\\35\end{pmatrix}.$$

这样得到加密了的新码为 67,16,100,27,−2,44,50,16,75,21,0;35 是多余的信息,但在获取原来的信息编码时需要它参与计算.

下面进行解密以获得原来的信息编码.

首先求出矩阵 $\boldsymbol{A}=\begin{pmatrix}1&1&2\\-1&2&0\\2&1&3\end{pmatrix}$ 的逆矩阵 $\boldsymbol{A}^{-1}=\begin{pmatrix}-6&1&4\\-3&1&2\\5&-1&-3\end{pmatrix}$;

然后进行矩阵运算：

$$\boldsymbol{X}_1=\boldsymbol{A}^{-1}\boldsymbol{Y}_1=\begin{pmatrix}-6&1&4\\-3&1&2\\5&-1&-3\end{pmatrix}\begin{pmatrix}67\\16\\100\end{pmatrix}=\begin{pmatrix}14\\15\\19\end{pmatrix},$$

同样的计算可得：

$$\boldsymbol{X}_2=\begin{pmatrix}12\\5\\5\end{pmatrix},\boldsymbol{X}_3=\begin{pmatrix}16\\16\\9\end{pmatrix},\boldsymbol{X}_4=\begin{pmatrix}14\\7\\0\end{pmatrix}.$$

从而获得原来的信息编码为：14,15,19,12,5,5,16,16,9,14,7.

仿照上面介绍的信息加密方法，读者可以和同学一起尝试一下发出信息指令"action"的加密和解密过程.

二、人口流动问题

人口流动是一个重要的社会问题.准确掌握一个地区乃至一个国家在一定时期的人口流动数据是至关重要的.矩阵是解决人口流动问题的有力工具.举例说明如下：

某中等城市共有50万人从事农、工、商工作，并假定这个总人数在若干年内保持不变.经社会调查得到如下数据：

(1) 在这50万就业人员中，目前大约有30万人务农，12万人务工，8万人经商；

(2) 在务农人员中，每年约有20%改为务工，10%改为经商；

(3) 在务工人员中，每年约有10%改为务农，15%改为经商；

(4) 在经商人员中，每年约有10%改为务工，10%改为务农.

根据以上数据，可以预测一年、两年和更多年后从事各行业的人数.

如果用 x_i,y_i,z_i 分别表示第 i 年后务农、务工、经商的人数，则问题变为已知 x_0,y_0,z_0，求 x_1,y_1,z_1 和 x_2,y_2,z_2 等.

根据调查数据，一年后从事农、工、商的人数应满足下列方程组：

$$\begin{cases}x_1=0.7x_0+0.1y_0+0.1z_0\\y_1=0.2x_0+0.75y_0+0.1z_0.\\z_1=0.1x_0+0.15y_0+0.8z_0\end{cases}$$

利用矩阵运算，上述方程组可以表示为：

$$\boldsymbol{X}_1=\boldsymbol{A}\boldsymbol{X}_0\qquad(*)$$

其中，

$$\boldsymbol{A}=\begin{pmatrix}0.1&0.1&0.1\\0.2&0.75&0.1\\0.1&0.15&0.8\end{pmatrix},\boldsymbol{X}_1=\begin{pmatrix}x_1\\y_1\\z_1\end{pmatrix},\boldsymbol{X}_0=\begin{pmatrix}x_0\\y_0\\z_0\end{pmatrix}.$$

将

$$\boldsymbol{X}_0=\begin{pmatrix}30\\12\\8\end{pmatrix}$$

代入(＊)式可求得：

$$X_1=AX_0=\begin{pmatrix}0.1&0.1&0.1\\0.2&0.75&0.1\\0.1&0.15&0.8\end{pmatrix}\begin{pmatrix}30\\12\\8\end{pmatrix}=\begin{pmatrix}23\\15.8\\11.2\end{pmatrix}.$$

即一年后务农、务工、经商的人数分别为23万人、15.8万人、11.2万人.

这个问题还有如下关系：

$$X_2=AX_1=A^2X_0.$$

推广到一般，有

$$X_n=A^nX_0 \qquad (＊＊)$$

利用(＊＊)式可以算出若干年后务农、务工、经商的人数.

例如，两年后务农、务工、经商的人数分别为18.8万人、17.57万人、13.63万人.

三、网络流模型

网络流模型广泛应用于交通、运输、通信、电力分配、城市规划、任务分派以及计算机辅助设计等众多领域.当科学家、工程师和经济学家研究某种网络中的流量问题时，线性方程组就自然派上用场了.例如，城市规划设计人员和交通工程师监控城市道路网络内的交通流量，电气工程师计算电路中流经的电流，经济学家分析产品通过批发商和零售商网络从生产者到消费者的分配等.大多数网络流模型中的方程组都包含了数百个甚至上千个未知量和线性方程.

一个网络由一个点集以及连接部分或全部点的直线或弧线构成.网络中的点称为**节点**，网络中的连接线称为**分支**.每一分支中的流量方向已经指定，并且流量已知或已标为变量.

网络流的基本假设是网络中流入与流出的总量相等，并且每个节点流入和流出的总量也相等.例如，图3-16说明了流量从一个或两个分支流入节点，x_1，x_2 和 x_3 表示从节点流出的流量，x_4，x_5 表示流入的流量.因为流量在每个节点守恒，所以 $x_1+x_2=60$，$x_4+x_5=x_3+80$.在类似的网络模式中，每个节点的流量都可以用一个线性方程组来表示.网络分析要解决的问题就是：在部分信息(如网络中的输入量)已知的情况下，确定每一分支中的流量.

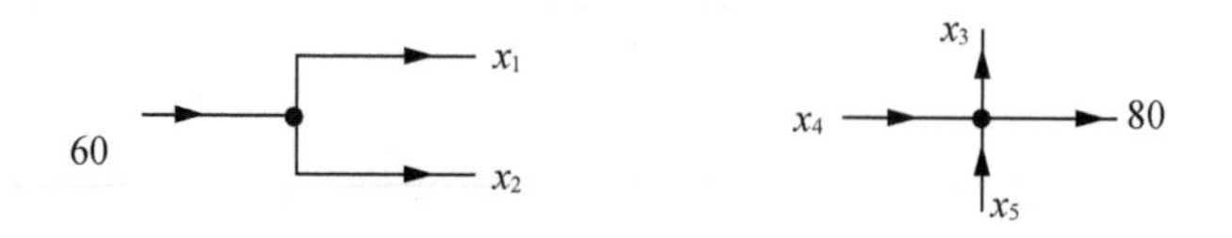

图3-16

下面举一个具体例子进行详细说明.

例如，图3-17中的网络给出了在下午两点钟，某市区部分单行道的交通流量(以每刻钟通过的汽车数量度量).试确定网络的流量模式.

根据网络流量模型的基本假设，在节点(道路交叉口) A，B，C，D 处，我们可以分别得

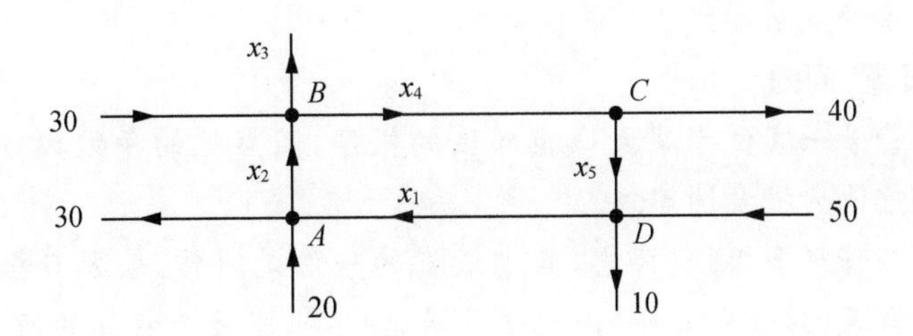

图 3-17

到下列方程：

$$A: x_1+20=30+x_2\,; \qquad B: x_2+30=x_3+x_4\,;$$
$$C: x_4=40+x_5\,; \qquad D: x_5+50=10+x_1\,.$$

网络总流入(20+30+50)等于总流出(30+10+40+ x_3)，即 $x_3=20$.联立该方程与整理后的前四个方程，得如下方程组：

$$\begin{cases} x_1-x_2=10 \\ x_2-x_3-x_4=-30 \\ x_4-x_5=40 \\ x_1-x_5=40 \\ x_3=20 \end{cases},$$

即

$$\begin{pmatrix} 1 & -1 & 0 & 0 & 0 \\ 0 & 1 & -1 & -1 & 0 \\ 0 & 0 & 0 & 1 & -1 \\ 1 & 0 & 0 & 0 & -1 \\ 0 & 0 & 1 & 0 & 1 \end{pmatrix}\begin{pmatrix} x_1 \\ x_2 \\ x_3 \\ x_4 \\ x_5 \end{pmatrix}=\begin{pmatrix} 10 \\ -30 \\ 40 \\ 40 \\ 20 \end{pmatrix}.$$

对其增广矩阵施行初等变换，得

$$\begin{pmatrix} 1 & -1 & 0 & 0 & 0 & 10 \\ 0 & 1 & -1 & -1 & 0 & -30 \\ 0 & 0 & 0 & 1 & -1 & 40 \\ 1 & 0 & 0 & 0 & -1 & 40 \\ 0 & 0 & 1 & 0 & 1 & 20 \end{pmatrix}\sim\begin{pmatrix} 1 & 0 & 0 & 0 & -1 & 40 \\ 0 & 1 & 0 & 0 & -1 & 30 \\ 0 & 0 & 1 & 0 & 0 & 20 \\ 0 & 0 & 0 & 1 & -1 & 40 \\ 0 & 0 & 0 & 0 & 0 & 0 \end{pmatrix},$$

从而方程组的解为(取 $x_5=c$ 为任意常数)：

$$\begin{cases} x_1=40+c \\ x_2=30+c \\ x_3=20 \\ x_4=40+c \\ x_5=c \end{cases}.$$

此即为该网络的流量模式.

四、“迪瑞报童”问题

迪瑞一直经营着一家位于某大城市郊区的报亭，虽然他的年龄比较大，但他的许多顾客都亲热地称呼他为报童迪瑞.

迪瑞的报亭经营很多报纸、杂志，其中最贵的一份是叫作《金融日报》的全国性大型日报.每天清晨，当天的《金融日报》由配送员送到报亭，当天未售完的所有报纸第二天早上还给配送员(报纸实际上是一种生命周期较短的“易变质产品”).但是为了鼓励大额订单，对未售出的报纸，配送人员会付少量的退款.

迪瑞关于《金融日报》的经营数据如下：

(1) 为送来的每份报纸付 1.5 美元；

(2) 售出报纸的价格是每份 2.5 美元；

(3) 得到未售出报纸的退款是每份 0.5 美元.

由于没有售完可以得到一定退款，所以迪瑞总是保持充足的报纸供应量.然而，因为几乎每天都有报纸卖不完，他开始苦于为没有售完的报纸承担损失(尽管报纸配送人员分担了一部分损失).他考虑也许应该只订最少数量的报纸，以减少损失.

为了能够确定合理的订购数量，迪瑞开始考察报纸的销售情况，并对每天的销售作了详细的记录.通过一段时间的观察，他发现如表 3-8 所示的数据.表中数据表明在 15% 的日子里可以卖出 9 份报纸，在 20%的日子可以卖出 10 或 12 份报纸，在 35%的日子里可以卖出 11 份报纸，在 10%的日子里可以卖出 13 份报纸.这些售出概率反映了需求情况，是对不确定性需求的事后描述.

表 3-8　迪瑞报亭《金融日报》的销售情况统计

卖出份数	9	10	11	12	13
售出的概率	15%	20%	35%	20%	10%

那么迪瑞每天应该从配送员那里订多少份报纸呢?

这个问题实际上就是问每天订购多少份报纸才能使得收益最大化.

首先，每天的收益可用下述公式计算，即：

$$收益=销售收入-采购成本+退款.$$

其次，由于每日的需求量是个随机值，所以每日的收益值可以通过计算订购 x 份报纸获得的各种可能收益的数学期望值来确定.显然 x 的取值在 9,10,11,12,13 中.如，订购 $x=10$ 份报纸时，收益的各种可能为：

市场需求 9 份报纸时，收益 $=9\times2.5-10\times1.5+(10-9)\times0.5=8$ (美元)；

市场需求 10 份报纸时，收益 $=10\times2.5-10\times1.5+0=10$ (美元)；

市场需求 11 份报纸时，收益 $=10\times2.5-10\times1.5+0=10$ (美元)；

市场需求 12 份报纸时，收益 $=10\times2.5-10\times1.5+0=10$ (美元)；

市场需求 13 份报纸时，收益 $=10\times2.5-10\times1.5+0=10$ (美元).

同理，可计算出订购其他数量报纸的情况，见表 3-9 所示.记订购 x 份报纸的收益为

随机变量 X_x 美元（$x=9,10,11,12,13$）.

表 3-9 迪瑞报亭《金融日报》的订购数量与收益情况对照表

卖出份数	9	10	11	12	13
X_9	9	9	9	9	9
X_{10}	8	10	10	10	10
X_{11}	7	9	11	11	11
X_{12}	6	8	10	12	12
X_{13}	5	7	9	11	13
售出的概率	15%	20%	35%	20%	10%

各随机变量 X_x 的数学期望为：

$E(X_9)=9\times0.15+9\times0.2+9\times0.35+9\times0.2+9\times0.1=9$（美元）；

$E(X_{10})=8\times0.15+10\times0.2+10\times0.35+10\times0.2+10\times0.1=9.7$（美元）；

$E(X_{11})=7\times0.15+9\times0.2+11\times0.35+11\times0.2+11\times0.1=10$（美元）；

$E(X_{12})=6\times0.15+8\times0.2+10\times0.35+12\times0.2+12\times0.1=9.6$（美元）；

$E(X_{13})=5\times0.15+7\times0.2+9\times0.35+11\times0.2+13\times0.1=8.8$（美元）.

可以看出：当订购量为 11 份时，收益的数学期望为 10 美元，达到最大. 因此，迪瑞长期获利最大的方案是订购 11 份报纸.

参考文献

[1] 吴赣昌. 线性代数[M]. 北京:中国人民大学出版社,2017.
[2] 王品. 高等数学[M]. 北京: 蓝天出版社, 2015.
[3] 张建波. 大学数学实验[M]. 北京:人民教育出版社,2020.
[4] 张苍. 九章算术[M]. 黄道明,译. 天津:天津科学技术出版社,2020.
[5] 郭建英. 概率统计[M]. 北京:北京大学出版社,2005.
[6] 钱宝琮. 中国数学史[M]. 北京:商务印书馆,2019.
[7] 陈信传,张文材,段应全,等. 中国古代数学精粹[M]. 贵州:贵州教育出版社,1992.
[8] 周忠荣,等. 工程数学[M]. 北京:化学工业出版社,2009.
[9] 张景中. 数学与哲学[M]. 辽宁:大连理工大学出版社,2008.
[10] 顾沛. 数学文化[M]. 北京:高等教育出版社,2008.
[11] 王文平. 运筹学[M]. 北京:科学出版社,2007.
[12] Excel精英部落. Excel 函数与公式速查宝典[M]. 北京:中国水利水电出版社,2019.
[13] 杨峰,吴波. 生活中的数学[M]. 北京:清华大学出版社,2020.

练习与作业参考答案

练习与作业 1-1

一、选择

1. C　2. B　3. D　4. B

二、填空

1. -7；4　2. 24　3. 8　4. -6　5. 24　6. 7　7. $\begin{vmatrix} 1 & 2 \\ 7 & 8 \end{vmatrix}$

8. $-\begin{vmatrix} 2 & 3 \\ 8 & 9 \end{vmatrix}$　9. 12　10. -12

三、计算解答

1. (1) -4　(2) 5　(3) -21　(4) $(a-b)(a-c)(a-d)$

2. (1) $\begin{cases} x_1 = 1 \\ x_2 = 2 \end{cases}$；(2) $\begin{cases} x = 2 \\ y = 1 \end{cases}$

练习与作业 1-2

一、选择

1. D　2. C　3. B　4. B　5. D　6. B

二、填空

1. 两个矩阵是同型矩阵　2. 矩阵 $\boldsymbol{A}$ 的列数等于矩阵 $\boldsymbol{B}$ 的行数　3. $\begin{pmatrix} -1 & -2 \\ 5 & 4 \end{pmatrix}$

4. 6　5. $\begin{pmatrix} 2 & 4 \\ -1 & -2 \end{pmatrix}$　6. $\begin{pmatrix} 9 & 19 \\ 7 & 9 \end{pmatrix}$　7. 10

8. -24　9. $\frac{1}{2}$　10. $\boldsymbol{C}^{-1}\boldsymbol{B}^{-1}\boldsymbol{A}^{-1}$

三、计算解答

1. $\boldsymbol{A}+\boldsymbol{B} = \begin{pmatrix} 1 & 4 & 4 & 7 \\ 4 & 0 & 5 & 4 \\ 2 & 0 & 3 & 5 \end{pmatrix}$，$2\boldsymbol{A}+3\boldsymbol{B} = \begin{pmatrix} 2 & 10 & 9 & 14 \\ 12 & 1 & 10 & 10 \\ 4 & -3 & 8 & 15 \end{pmatrix}$

2. $\boldsymbol{AB} = \begin{pmatrix} -10 & 11 \\ 32 & 24 \end{pmatrix}$，$\boldsymbol{BA} = \begin{pmatrix} 9 & -7 & 14 \\ -7 & -22 & 25 \\ 21 & -12 & 27 \end{pmatrix}$

3. $\boldsymbol{A}^2=\begin{pmatrix}0&0\\0&0\end{pmatrix}$，$\boldsymbol{B}^{\mathrm{T}}\boldsymbol{A}=\begin{pmatrix}2&1\\-10&-5\end{pmatrix}$　4. 略　5. 略

6. (1) $\boldsymbol{X}=\begin{pmatrix}1&2\\0&-1\end{pmatrix}$；(2) $\boldsymbol{X}=\begin{pmatrix}0&-\frac{9}{2}&-4\\-\frac{1}{2}&-\frac{1}{2}&\frac{3}{2}\\-2&-5&-1\end{pmatrix}$

练习与作业 1-3

一、选择

1. B　2. B　3. C

二、填空

1. r_3-2r_2　2. r_1+r_3　3. $\begin{pmatrix}1&-1\\-1&2\end{pmatrix}$

三、计算解答

1. (1) $\boldsymbol{A}^{-1}=\frac{1}{5}\begin{pmatrix}2&-1&-1\\-1&3&-2\\3&1&1\end{pmatrix}$；(2) $\boldsymbol{B}^{-1}=\begin{pmatrix}-6&1&4\\-3&1&2\\5&-1&-3\end{pmatrix}$；

(3) $\boldsymbol{C}^{-1}=\frac{1}{12}\begin{pmatrix}12&0&0&0\\-6&6&0&0\\0&-8&4&0\\-6&15&-6&3\end{pmatrix}$

2. (1) $\boldsymbol{X}=\begin{pmatrix}1&0\\-1&2\end{pmatrix}$；(2) $\boldsymbol{X}=\begin{pmatrix}1&0\\-4&-3\\-2&-2\end{pmatrix}$

练习与作业 1-4

一、选择

1. D　2. D

二、填空

1. $x\neq-4$　2. $x+y=0$

三、计算解答

1. (1) $rank(\boldsymbol{A})=2$；(2) $rank(\boldsymbol{B})=3$

2. $x=0$，$y=2$

练习与作业 1-5

一、选择

1. A　2. C　3. C　4. D

二、填空

1. $rank(\boldsymbol{A})=rank(\boldsymbol{A},\boldsymbol{b})$　2. $rank(\boldsymbol{A})<n$　3. $x=0$

4. $k=-1$　5. $k=1$ 或 $k=0$　6. $k\neq5$　7. $k\neq3$

三、计算解答

1. (1) $\begin{cases} x_1 = 1 \\ x_2 = 1 \\ x_3 = 2 \end{cases}$；(2) $\begin{cases} x_1 = 1 \\ x_2 = -2 \\ x_3 = 0 \\ x_4 = 1 \end{cases}$

2. (1) $a \neq 4$ 或 $a = 4, b = 7$ 时方程组有解；(2) $a = 4, b \neq 7$ 方程组无解

3. (1) $\begin{cases} x_1 = c_1 - c_2 + 1 \\ x_2 = 2c_1 + c_2 \\ x_3 = c_1 \\ x_4 = c_2 \end{cases}$，(c_1, c_2 为任意实数)；(2) $\begin{cases} x_1 = 0 \\ x_2 = 0 \\ x_3 = 0 \end{cases}$；(3) 无解；

(4) $\begin{cases} x_1 = 1 \\ x_2 = -1 \\ x_3 = 2 \end{cases}$

练习与作业 2-1

一、选择

1. D　2. C　3. D　4. D　5. C　6. B　7. B　8. D

二、填空

1. 0.6　2. 0.7　3. 0.87　4. 0.994

三、计算解答

1. (1) $\Omega = \{1,2,\cdots,10\}$；(2) $\Omega = \{$正正,正反,反正,反反$\}$；(3) $\Omega = \{1,2,3,\cdots\}$；(4) $\Omega = \{x \mid \frac{l}{2} \leqslant x < l\}$

2. (1) $A \cup C = \{1,2,3,4,5,6\}$；(2) $AB = \{1\}$；(3) $CD = \{2,4,6\}$；(4) $D - C = \varnothing$

3. (1) $A_1 \overline{A_2}\,\overline{A_3}$；(2) $A_1 \overline{A_2}\,\overline{A_3} \cup \overline{A_1} A_2 \overline{A_3} \cup \overline{A_1}\,\overline{A_2} A_3$；(3) $\overline{A_1}\,\overline{A_2}\,\overline{A_3}$；(4) $A_1 \cup A_2 \cup A_3$

4. (1) $A \cup B \cup C$；(2) $\bar{A}\bar{B}\bar{C}$；(3) $\overline{ABC}$；(4) $A\bar{B}\bar{C} \cup \bar{A}B\bar{C} \cup \bar{A}\bar{B}C$；

(5) ABC；(6) $AB\bar{C} \cup A\bar{B}C \cup \bar{A}BC$；(7) $A\bar{B}\bar{C} \cup \bar{A}B\bar{C} \cup \bar{A}\bar{B}C \cup \bar{A}\bar{B}\bar{C}$；

(8) $AB\bar{C} \cup A\bar{B}C \cup \bar{A}BC \cup ABC$

5. (1) $\frac{7}{15}$；(2) $\frac{8}{15}$　6. $\frac{1}{1000}$　7. $\frac{1}{9}$　8. $\frac{1}{30}$　9. $\frac{4}{7!}$

10. (1) $\frac{132}{169}$；(2) $\frac{37}{169}$　11. $\frac{13}{18}$　12. $\frac{17}{38}$

13. $\frac{C_{70}^{10}}{C_{75}^{10}}$；$\frac{C_5^1 C_{70}^9}{C_{75}^{10}}$；$1 - \frac{C_{70}^{10}}{C_{75}^{10}} - \frac{C_5^1 C_{70}^9}{C_{75}^{10}}$　14. 0.85　15. $p = p_1 p_2$

16. (1) 0.72；(2) 0.18；(3) 0.98；(4) 0.26

17. (1) $P(B \mid A) = 0.5$；(2) $P(A - B) = 0.3$；(3) $P(A \mid \bar{B}) = 0.6$

18. $P(B) = 1 - p$　19. (1) $\frac{7}{120}$；(2) $\frac{119}{120}$　20. (1) 0.903；(2) 0.097

21. (1) 3.2%；(2) $\frac{5}{16}$　22. $\frac{7}{15}$

练习与作业 2-2

、选择

1. C 2. A 3. C 4. D 5. D 6. B

二、填空

1. 0.265 2. $(1-a)^{k-1}a$ 3. $C_n^k p^k (1-p)^{n-k}$ 4. $\frac{1}{8}$ 5. 0.2

6. 4 7. 2 8. 0.954 4 9. 0.341 3 10. 0.308 5

三、计算解答

1. $F(x)=\begin{cases}0, x<0\\ 0.1, 0\leqslant x<1\\ 1, x\geqslant 1\end{cases}$

2. $F(x)=\begin{cases}0, x<0\\ 0.01, 0\leqslant x<1\\ 0.19, 1\leqslant x<2\\ 1, x\geqslant 3\end{cases}$

3. (1) $P\{X\geqslant 1\}=e^{-1}$；(2) $P\{X\leqslant 2\}=1-e^{-2}$

4. (1) $c=0.1$； (2) $P\{X<3\}=0.6$； (3) $P\{X\geqslant 1\}=0.9$

5.

X	0	1	2
P	0.1	0.6	0.3

6.

X	0	1	2	3
P	$\frac{2}{5}$	$\frac{3}{5}\times\frac{2}{4}$	$\frac{3}{5}\times\frac{2}{4}\times\frac{2}{3}$	$\frac{3}{5}\times\frac{2}{4}\times\frac{1}{3}\times\frac{2}{2}$

7. (1)

X	1	2	3
P	0.9	0.09	0.009+0.001

(2) $P(A)=0.999$

8. 0.880 2

9. (1) $P\{X=k\}=\frac{3^k}{k!}e^{-3}, (k=0,1,2,\cdots)$；(2) $P\{X\geqslant 2\}=0.800\,9$；(3) $P\{-2\leqslant X\leqslant 2\}=$ 0.4 232

10. (1) 0.049 8；(2) 0.448 1

11. (1) $P\{X\leqslant 0\}=0$；(2) $P\{X\geqslant 1\}=e^{-1}$

12. $1-\frac{2}{e}\approx 0.264\,2$

13. 0.306 4

14. (1) 0.135 9；(2) 0.022 8；(3) 0.682 6

15. 0.998 7 16. 0.308 5

17. (1) 0.691 5；(2) 0.006 2

18. (1) 15.87%；(2) 15.87%

练习与作业 2-3

一、选择

1. B 2. C 3. D 4. C 5. C 6. B

二、填空

1. 1.5　2. 3　3. 11　4. $\frac{1}{2}$　5. $\frac{1}{3}$　6. 0.61

三、计算解答

1. (1) $E(X)=-0.2$；(2) $E(X^2)=2.8$；(3) $E(3X^2+5)=13.4$

2. (1) $E(X)=5$；(2) $D(X)=\frac{25}{3}$；(3) $P\{1\leqslant X\leqslant 3\}=\frac{1}{5}$

3. (1) $E(X)=\frac{2}{3}$；(2) $D(X)=\frac{2}{9}$

4. (1) $E(X)=\frac{3}{4}$；(2) $D(X)=\frac{3}{80}$